教科書ワーク

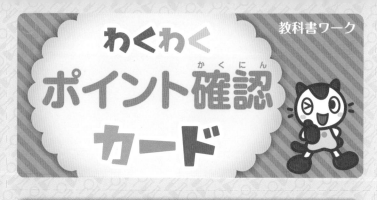

わくわく ポイント確認カード

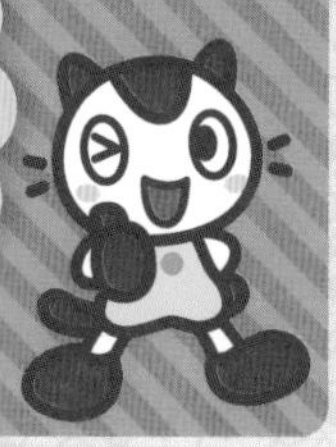

アプリでバッチリ! ポイント確認!

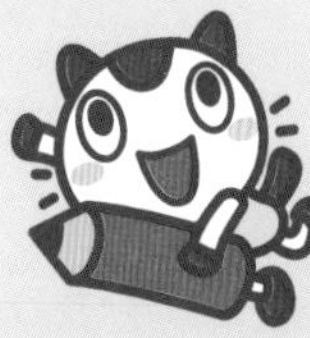

ホウセンカ

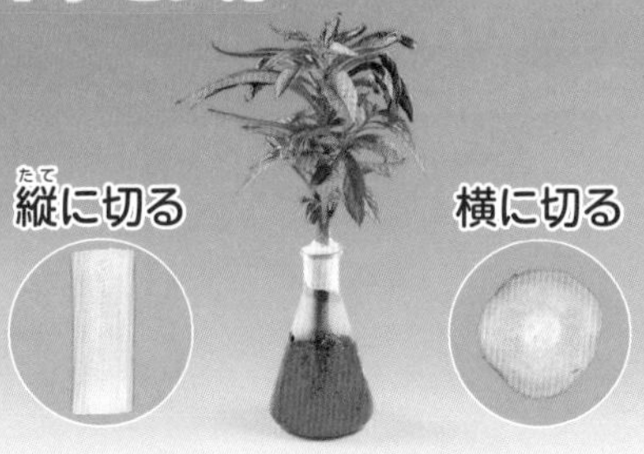

縦に切る　横に切る

くきの切り口はどう変化する？

変化した部分は何の通り道？

❶

葉の表面

この穴の名前は？

ここから何が出ていく？

❷

リトマス紙の変化

何性の水よう液？

水よう液の例は？

❸

リトマス紙の変化

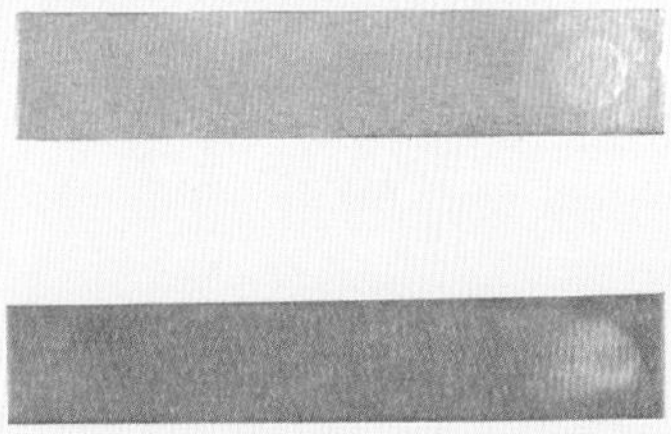

何性の水よう液？

水よう液の例は？

❹

リトマス紙の変化

何性の水よう液？

水よう液の例は？

❺

ムラサキキャベツ液の変化

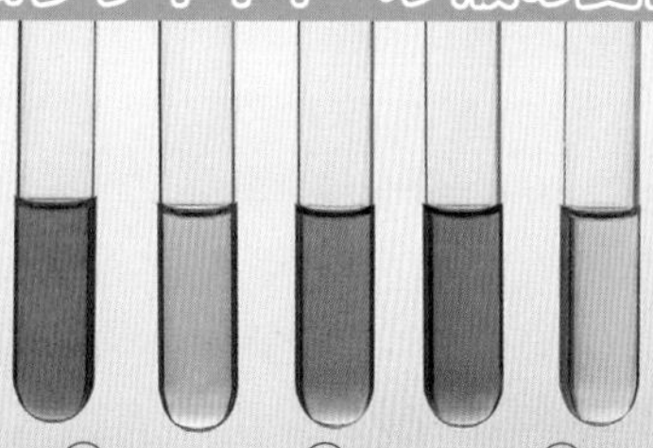

←㋐―㋑―㋒→

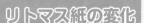

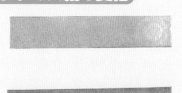

㋐は何性？

㋑は何性？

㋒は何性？

❻

電気の利用

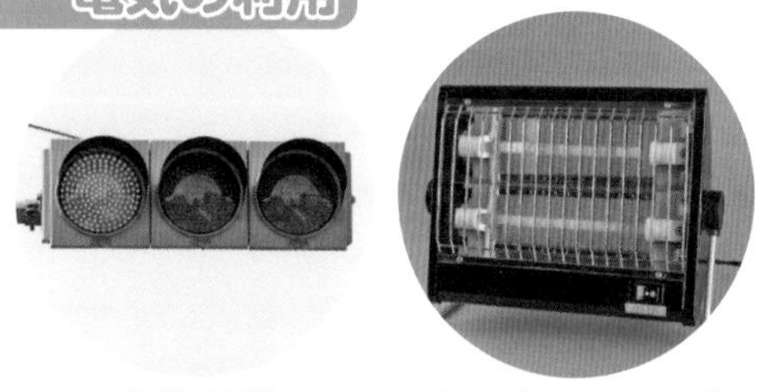

㋐信号機　㋑電気ストーブ

㋐では電気を何に変えている？

㋑では電気を何に変えている？

❼

月の表面

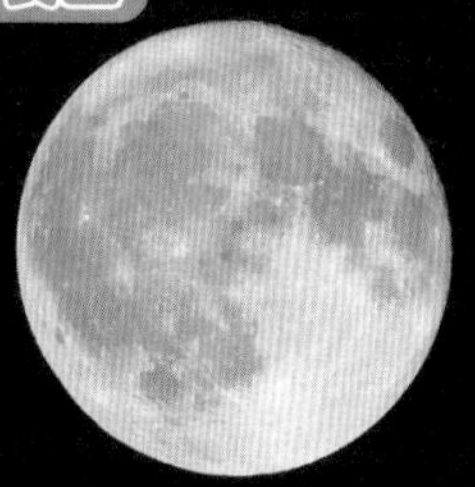

月はどのようにかがやく？

満月は夕方どの方位に見える？

❽

地層のつぶ

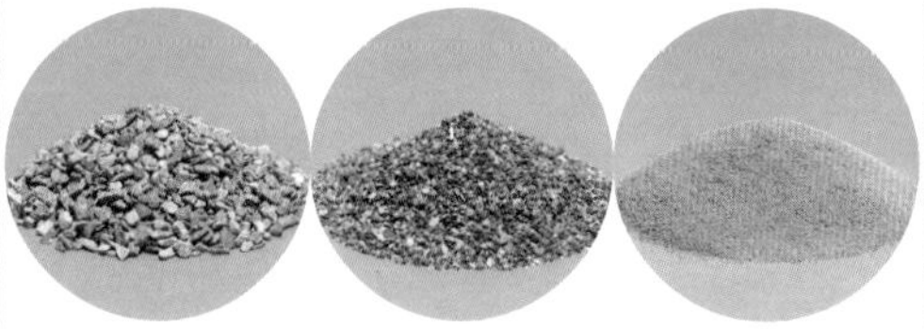

れき　砂　どろ

つぶの形の特ちょうは？

つぶが小さい順にならべよう。

❾

火山灰のつぶ

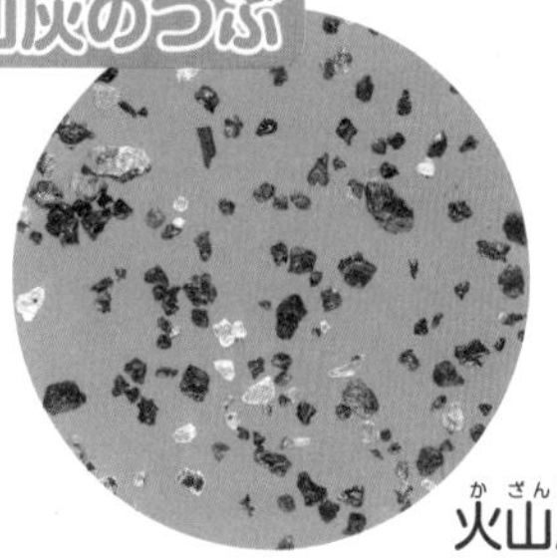

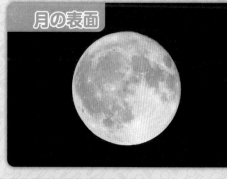

火山灰

つぶの形の特ちょうは？

何のはたらきでできた？

❿

アプリでバッチリ！ポイント確認！

おもての QR コードから
アクセスしてください。

※本サービスは無料ですが、別途各通信会社の通信料がかかります。
※お客様のネット環境および端末によりご利用できない場合がございます。
※ QR コードは㈱デンソーウェーブの登録商標です。

使い方

●きりとり線にそって切りはなしましょう。

●写真や図を見て、質問に答えてみましょう。

●使い終わったら、あなにひもなどを通して、
まとめておきましょう。

葉の表面

水は水蒸気（すいじょうき）になって、出ていくんだ。

気こう

気こうから
水蒸気（水）
が出ていく。

❷

ホウセンカ

色のついた
ところは、
水の通り道
なんだ。

くきの切り口
は赤くそまる。

赤くそまった
部分は水の通
り道。

❶

中性の水よう液

リトマス紙は、
ピンセットを
使って持とう。

中性（どちらも変わらない）

例

食塩水
砂糖水

など

❹

酸性の水よう液

炭酸水のあわは、
二酸化炭素
なんだ。

例

塩酸
炭酸水

など

酸性（青→赤）

❸

ムラサキキャベツ液の変化

色の変化を調べ
ると、液の性質
がわかるんだ。

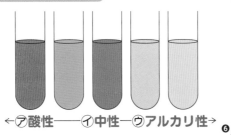

←㋐酸性──㋑中性─㋒アルカリ性→

❻

アルカリ性の水よう液

アルカリ性（赤→青）

危険（きけん）な水よう液
のあつかい方に
は注意しよう。

例

石灰水（せっかいすい）
アンモニア水
重そう水

など

❺

月の表面

表面のくぼみを、
クレーターという
んだ。

太陽の光を
反射（はんしゃ）してかが
やく。

満月は夕方
東の空に見え
る。

❽

電気の利用

電気は、音や
運動にも変え
られているん
だ。

㋐電気を光に
変える。

㋑電気を熱
に変える。

信号機

電気ストーブ

❼

火山灰のつぶ

火山がふん火する
と、よう岩も流れ
出るんだ。

角ばっている。

火山のはたらき
でできた。

❿

地層のつぶ

同じ地層（ちそう）から、化石が
見つかることもある
んだ。

丸みを
帯びている。

小さい順に
どろ・砂・
れき

❾

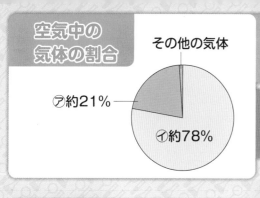

空気中の気体の割合

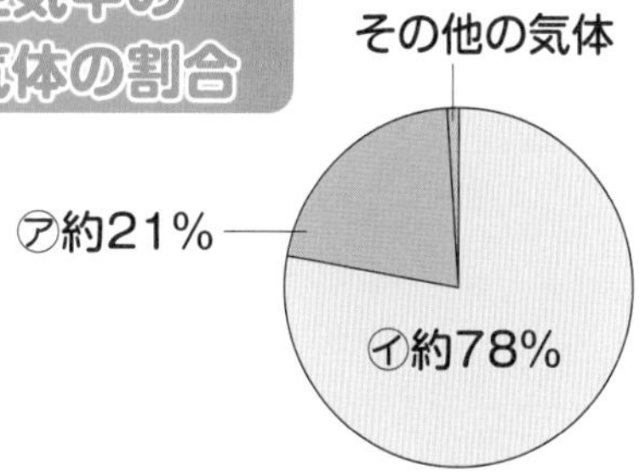

㋐の気体は？

㋑の気体は？

11

酸素の中でろうそくを燃やす

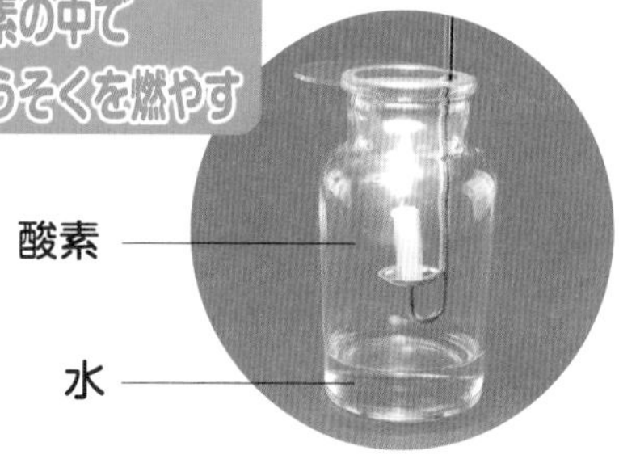

ろうそくの燃え方は？

酸素のはたらきは？

12

人の臓器①

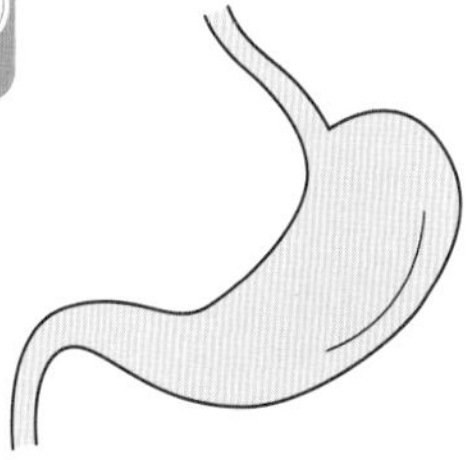

この臓器の名前は？

この臓器のはたらきは？

13

人の臓器②

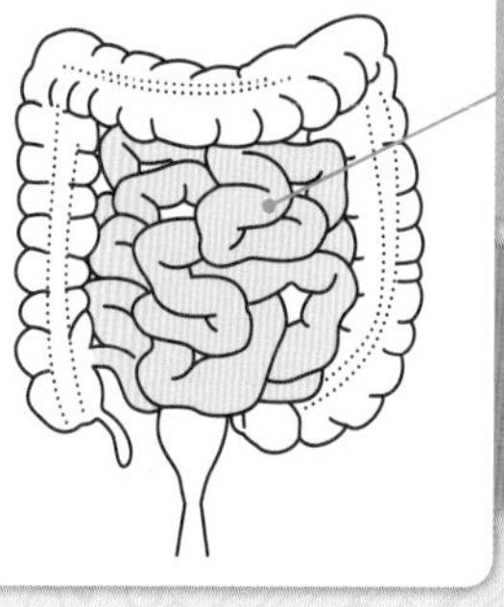

この臓器の名前は？

この臓器のはたらきは？

14

人の臓器③

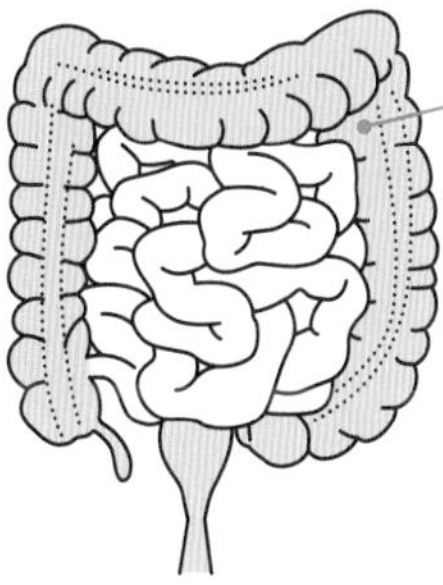

この臓器の名前は？

この臓器のはたらきは？

15

人の臓器④

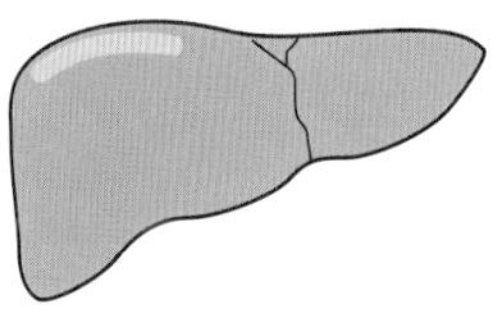

この臓器の名前は？

この臓器のはたらきは？

16

人の臓器⑤

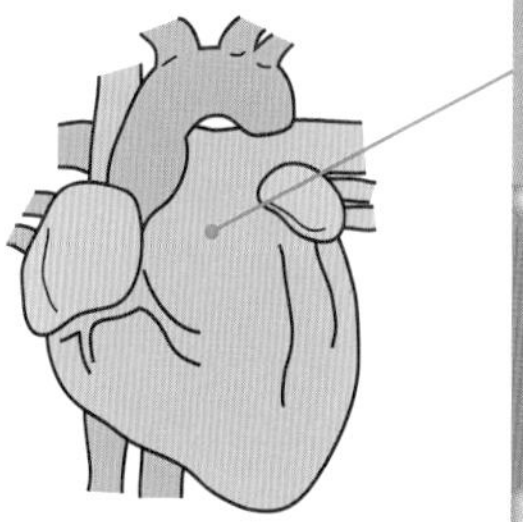

この臓器の名前は？

この臓器のはたらきは？

17

人の臓器⑥

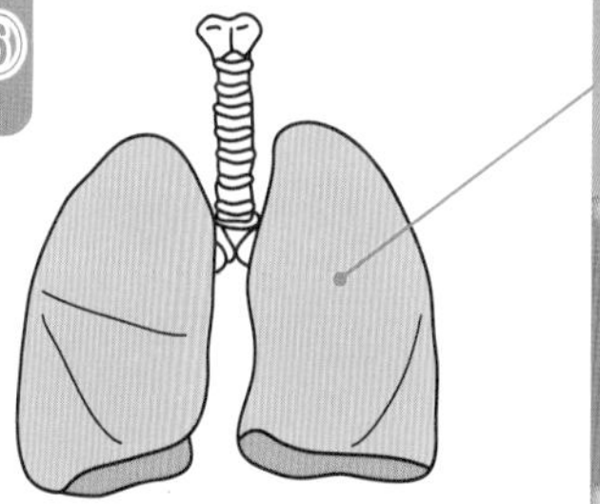

この臓器の名前は？

この臓器のはたらきは？

18

人の臓器⑦

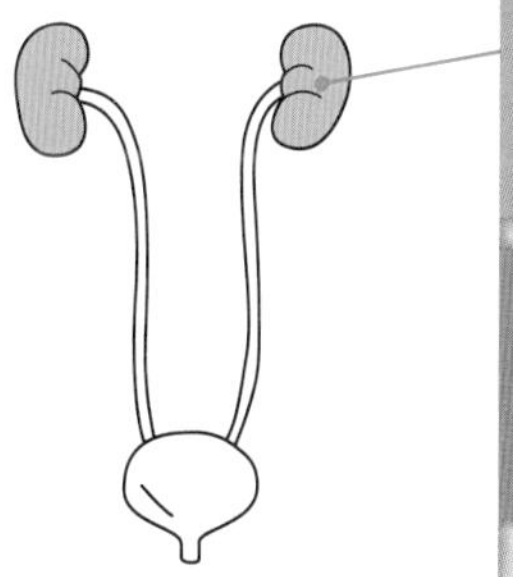

この臓器の名前は？

この臓器のはたらきは？

19

ピンセット

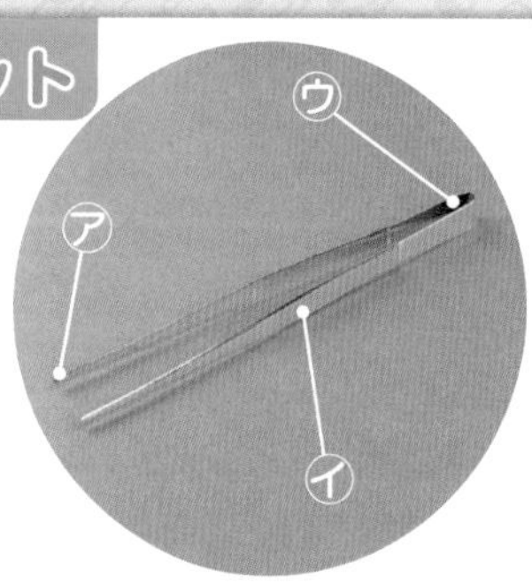

支点(してん)は？

力点(りきてん)は？

作用点(さようてん)は？

20

はさみ

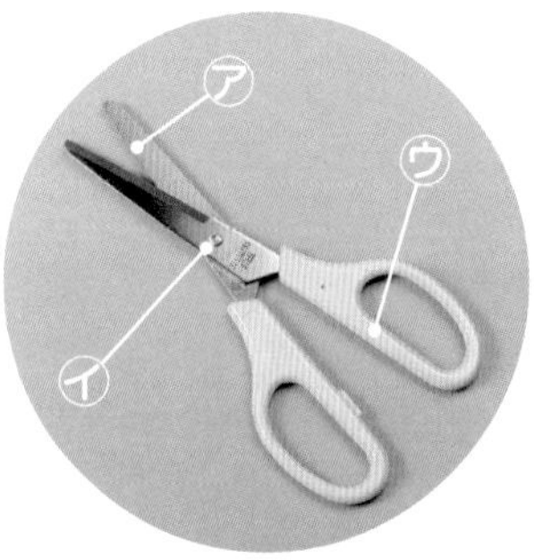

支点は？

力点は？

作用点は？

21

せんぬき

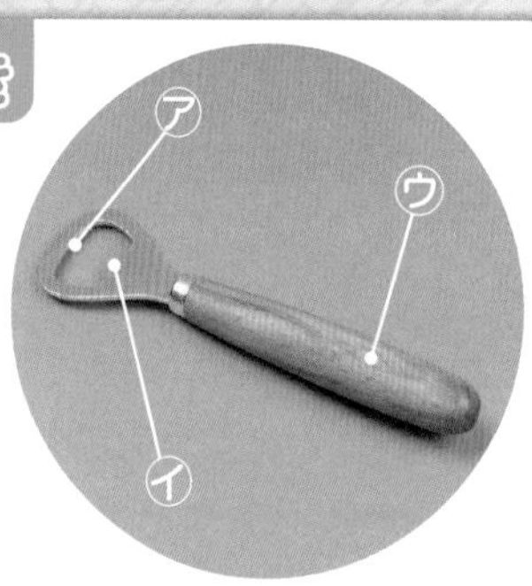

支点は？

力点は？

作用点は？

22

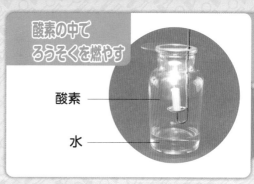

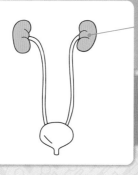

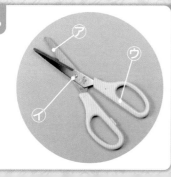

酸素の中でろうそくを燃やす

酸素の体積の割合が減ると、火は消えてしまうんだ。

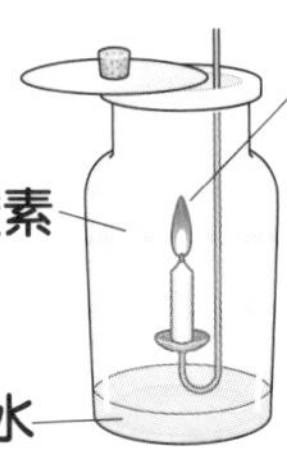

激しく燃える。
酸素
水

酸素には、ものを燃やすはたらきがある。

⑫

空気中の気体の割合

その他の気体には、二酸化炭素などがあるんだ。

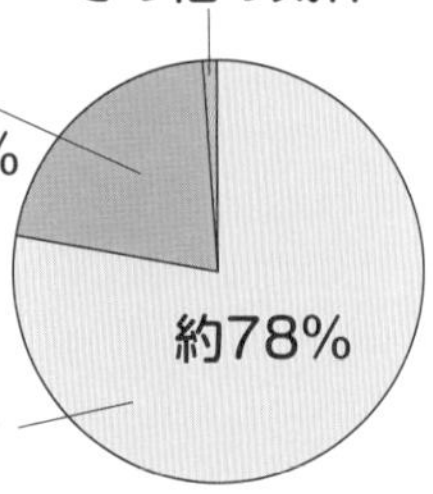

その他の気体
㋐酸素
約21%
約78%
㋑ちっ素

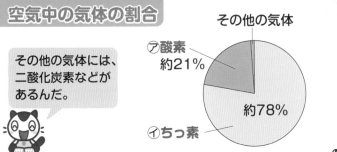

⑪

小腸

小腸の内側はひだになっているんだ。

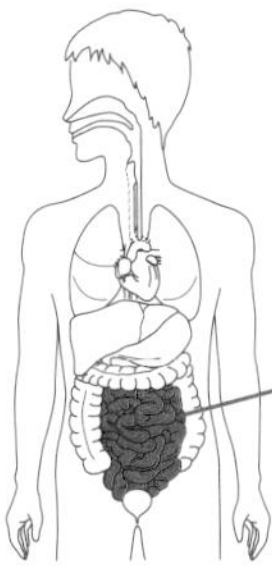

小腸

養分や水分を吸収する。

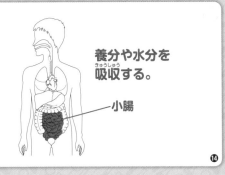

⑭

胃

だ液や胃液などのことを消化液というんだ。

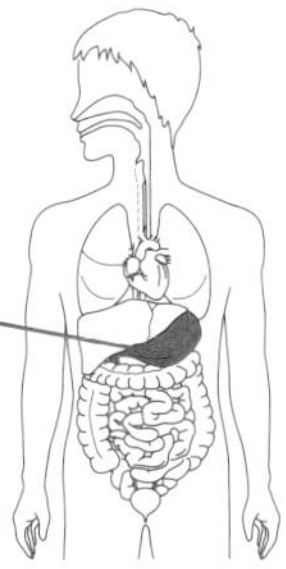

胃

胃液が出される。食べ物を消化する。

⑬

かん臓

かん臓にはたくさんのはたらきがあるんだ。

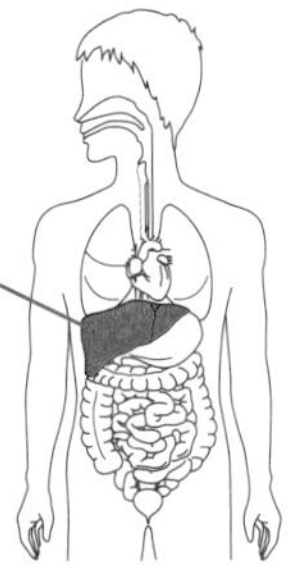

かん臓

吸収された養分の一部をたくわえ、必要なときに送り出す。

⑯

大腸

残ったものは便としてこう門から出されるよ。

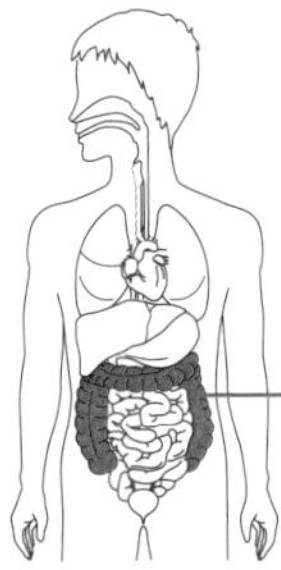

大腸

水分などを吸収する。

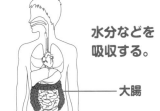

⑮

肺

人は肺で、魚はえらで呼吸しているんだ。

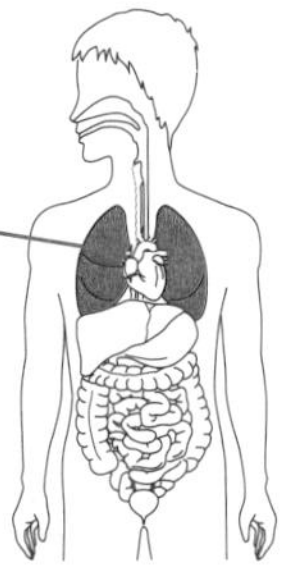

肺

血液中に酸素をとり入れる。

血液中から二酸化炭素を出す。

⑱

心臓

血液は、酸素や養分を全身に運んでいるんだ。

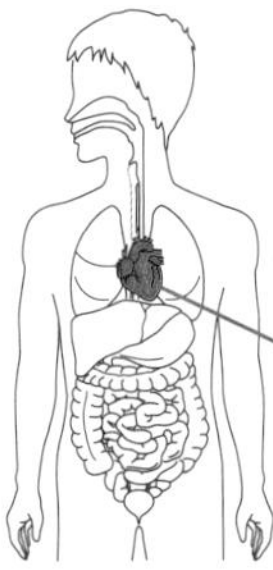

心臓

血液を全身に送り出す。

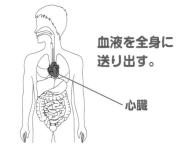

⑰

ピンセット

力点が作用点と支点の間にあると、はたらく力を小さくできるんだ。

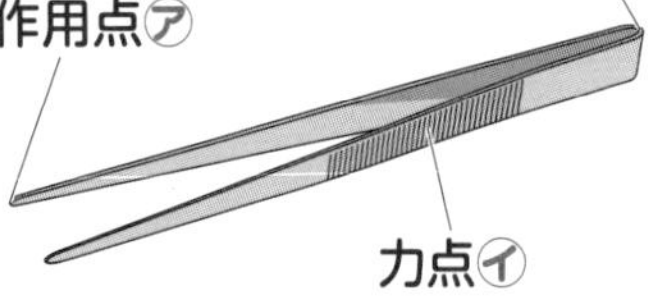

支点㋒
作用点㋐
力点㋑

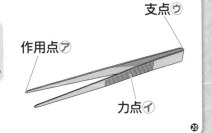

⑳

じん臓

にょうは、ぼうこうにためられるんだ。

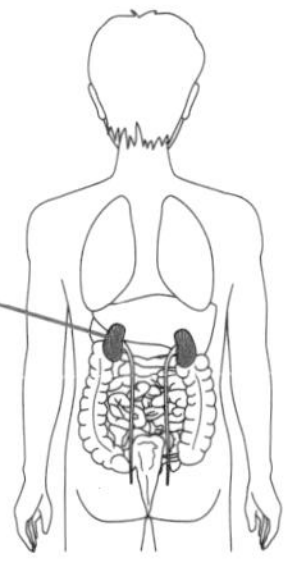

じん臓

血液中の不要なものをこし出し、にょうをつくる。

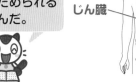

⑲

せんぬき

作用点が支点と力点の間にあるから、小さな力でせんをあけられるんだ。

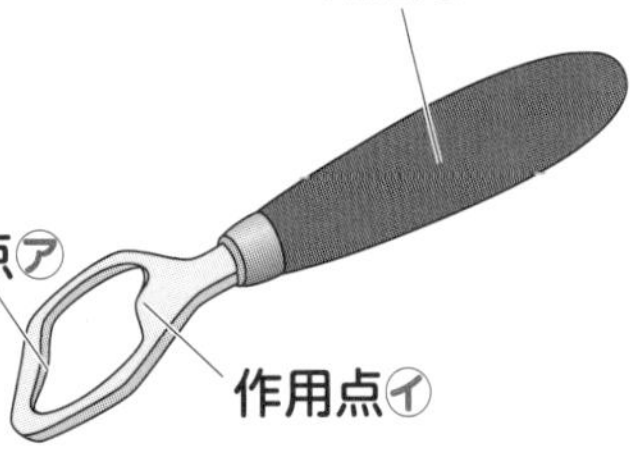

力点㋒
支点㋐
作用点㋑

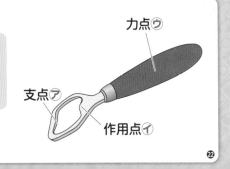

㉒

はさみ

支点から作用点までを短くすると、小さな力で切れるんだ。

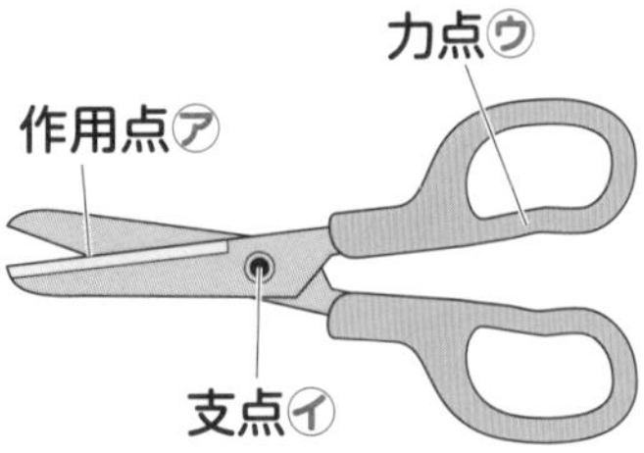

力点㋒
作用点㋐
支点㋑

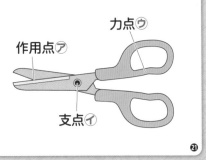

㉑

食べたものの旅

※おとなのおよその数字です。

 ： 消化 　　　 ： 消化

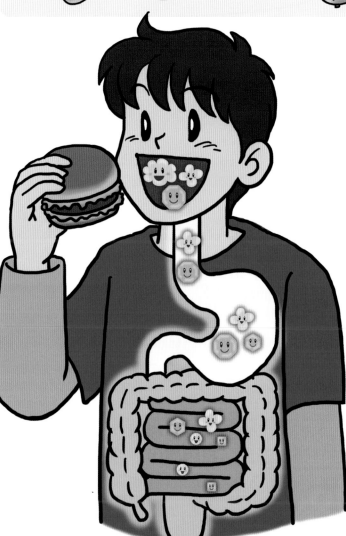

口
消化 でんぷん
消化液：だ液

食道
長さ：25cm

30秒～1分後

胃
消化 たんぱく質
消化液：胃液

2～5時間後

小腸
消化 でんぷん、しぼう、たんぱく質
吸収 養分、水分
長さ：6～7m

7～15時間後

吸収する表面の面積はおよそ200㎡。
テニスコートくらい！

大腸
吸収 水分
長さ：1.5m

24～48時間後

こう門
トイレ
1日の便の量：100～200g

消化管（口からこう門まで）の長さ：8～9m（身長の5～6倍）

胃のふしぎ

胃はたんぱく質で
できているよ。

胃液はたんぱく質を
消化するよ。

胃液は胃を消化してしまう？？

消化
するぞ！

胃液には
塩酸がふくまれ
ているんだ。

だいじょうぶ！！

消化
するぞ！

胃を守るぞ！

胃は、ねん液で守られています。

背のふしぎ

骨（ほね）がのびると、背（せ）がのびるんだって。
骨は、いつのびる？？

子どもの骨は、
「成長ホルモン」というものの命令で成長します。

バランスのよい食事
や適度な運動も大切
だよ。

成長ホルモンは、夜、寝ているときにたくさん出ます。

ということは…

夜、しっかり寝ましょう。

「寝る子は育つ」
というよね。

教科書ワーク **もくじ**

教育出版版 **理科6年**

▶動画 コードを読みとって、下の番号の動画を見てみよう。

●写真提供：アーテファクトリー、アフロ、PIXTA

1 ものを燃やしたとき

基本のワーク

学習の目標・
ものを燃やしたときの
空気の性質の変化につ
いて理解しよう。

教科書 8〜12ページ 答え 1ページ

図を見て、あとの問いに答えましょう。

1 びんの中のろうそくの燃え方

あ 底のある集気びん
（上が閉じている。）

ろうそくは
① [   ] 。

い 底のない集気びん
（上が開いている。）

ろうそくは、
② [   ] 。

ろうそくの火が消えたあと、びんの中の空気は
③（ なくなっていない　なくなっている ）。

(1)　あ、いのびんの中で、ろうそくは燃え続けますか、火が消えますか。①、②の[　]
　　に書きましょう。

(2)　③の（　）のうち、正しいほうを◯で囲みましょう。

2 ものを燃やしたときの空気の性質の変化

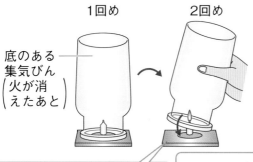

1回め　　　2回め

底のある
集気びん
（火が消
えたあと）

1回めの火が消えたあとのび
んを、手ぎわよくかぶせる。

集気びんの中で ろうそくを燃やした回数	火が消える までの時間
1回め	17秒
2回め	0秒

2回めは、①（ しばらくして　すぐに ）火が消えた。
中の空気にものを燃やすはたらきが ② [   ] 。

(1)　①の（　）のうち、正しいほうを◯で囲みましょう。

(2)　②の[　]になくなっているか、なくなっていないかを書きましょう。

まとめ　〔 ものを燃やす　消える 〕から選んで（　）に書きましょう。

●底のある集気びんの中でものを燃やすと、火が①（　　　　　　）のは、底のある集気びんの中の
空気の性質が変わって、②（　　　　　　）はたらきがなくなるからである。

ものが燃えるためには、燃えるもの、新しい空気（酸素）、温度の3つが必要です。消火器
にはいろいろな種類があり、この3つのどれかをなくすことで火を消しています。

練習のワーク

教科書　8〜12ページ　　答え　1ページ

1 2つのろうそくに火をつけて、図1のように、㋐には底のある集気びんを、㋑には底のない集気びんをかぶせました。あとの問いに答えましょう。

図1　底のある集気びん　㋐　㋑　底のない集気びん　図2

(1) 図1で、集気びんの中のろうそくはどうなりますか。次のア〜エから選びましょう。　　　　　　　（　　　　）

　ア　㋐、㋑とも燃え続ける。

　イ　㋐は燃え続け、㋑は火が消える。

　ウ　㋐は火が消え、㋑は燃え続ける。

　エ　㋐、㋑とも火が消える。

(2) 図2は、図1の実験のあとの集気びん㋐を、水の入った水そうにしずめた様子です。図1の実験のあと、集気びん㋐の中の空気はなくなっていますか。

（　　　　　　　　　　　　）

2 図1のように、火のついた㋐のろうそくに底のある集気びんをかぶせました。図2の㋐のように火が消えたあと、このびんを㋑のように火のついた別のろうろくに手ぎわよくかぶせました。あとの問いに答えましょう。

図1　㋐　　底のある集気びん　　図2　㋐　→　㋑　㋐の火が消えたあと、中の空気が入れかわらないように、手ぎわよく㋑のようにかぶせる。

(1) 図2の㋑で、集気びんをかぶせると、ろうそくの火はどうなりますか。次のア〜ウから選びましょう。　　　　　　　　（　　　　）

　ア　すぐに消える。　　イ　しばらくしてから消える。　　ウ　燃え続ける。

(2) 底のある集気びんの中でものを燃やすと、集気びんの中の空気はどうなりますか。次の文の（　）にあてはまる言葉を書きましょう。

　空気の性質が変わって（　　　　　　　　　　　　）はたらきがなくなる。

(3) 次の文はものが燃え続けるための条件についての文です。（　）にあてはまる言葉を書きましょう。

　ものが燃え続けるには、燃えたあとの空気が（　　　　　　　　　）と入れかわることが必要である。

2 ものを燃やすはたらき①

教科書 13〜17ページ　答え 1ページ

図を見て、あとの問いに答えましょう。

1 空気の成分

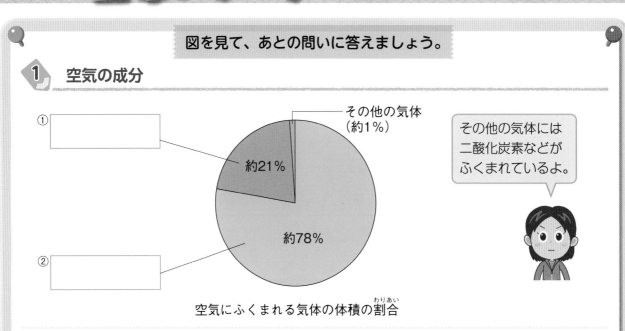

①［　　　　　　　］

②［　　　　　　　］

その他の気体（約1％）

約21％

約78％

空気にふくまれる気体の体積の割合

その他の気体には
二酸化炭素などが
ふくまれているよ。

● ①、②の □ にあてはまる気体の名前を書きましょう。

2 ものを燃やすはたらきのある気体

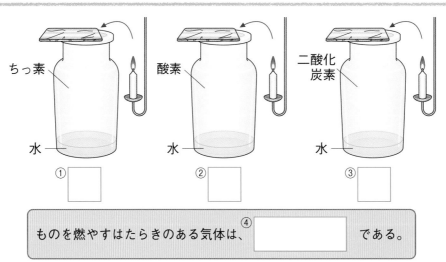

ちっ素　水　①□

酸素　水　②□

二酸化炭素　水　③□

ものを燃やすはたらきのある気体は、④［　　　　　　　］である。

(1) ろうそくが激しく燃えたものに〇、すぐ火が消えたものに×を、①〜③の □ に書きましょう。

(2) ④の □ にあてはまる気体の名前を書きましょう。

まとめ　〔 酸素　ものを燃やすはたらき 〕から選んで（　）に書きましょう。

● 空気は、ちっ素、①（　　　　　　　）、二酸化炭素などの気体が混じり合っている。

● 酸素には、②（　　　　　　　）がある。

  空気にふくまれている体積の割合がちっ素と酸素の次に多い気体はアルゴンで、およそ0.93％ふくまれています。二酸化炭素より、ずっと多くふくまれています。

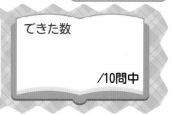

練習のワーク

できた数　/10問中

教科書 13〜17ページ　答え 1ページ

1 次の図のように、空気、ちっ素、酸素、二酸化炭素を集めた集気びんの中にそれぞれ火のついたろうそくを入れて、燃え方を比べました。あとの問いに答えましょう。

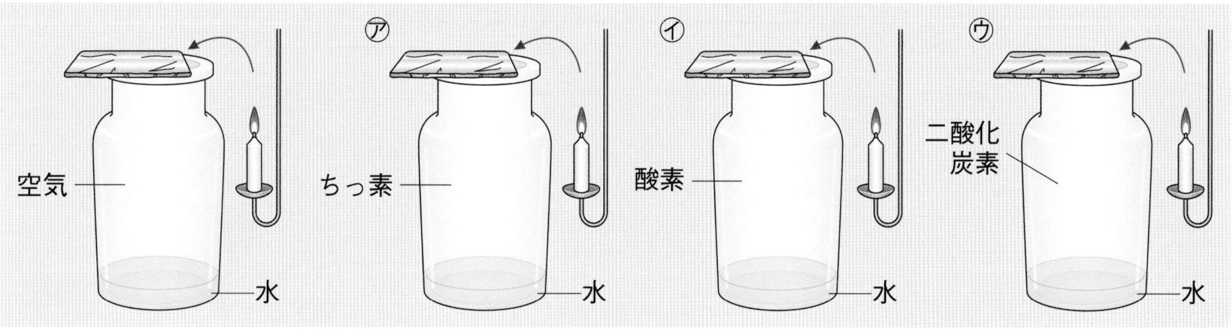

(1) ㋐〜㋒にろうそくを入れると、燃え方はどのようになりますか。それぞれ次のア〜ウから選びましょう。　㋐(　　)　㋑(　　)　㋒(　　)

ア　すぐに火が消える。

イ　空気の中と同じように燃える。

ウ　空気の中より激しく燃える。

(2) 酸素には、どのようなはたらきがあることがわかりますか。

(　　　　　　　　)

(3) ちっ素や二酸化炭素には、(2)のはたらきがありますか。　(　　)

(4) 空気にふくまれるちっ素と酸素の体積の割合を、それぞれ次のア〜ウから選びましょう。

ちっ素(　　)　酸素(　　)

ア　約0.04%　　イ　約21%　　ウ　約78%

2 右の図のように、ちっ素ボンベからちっ素を集めました。気体の集め方について、次の問いに答えましょう。

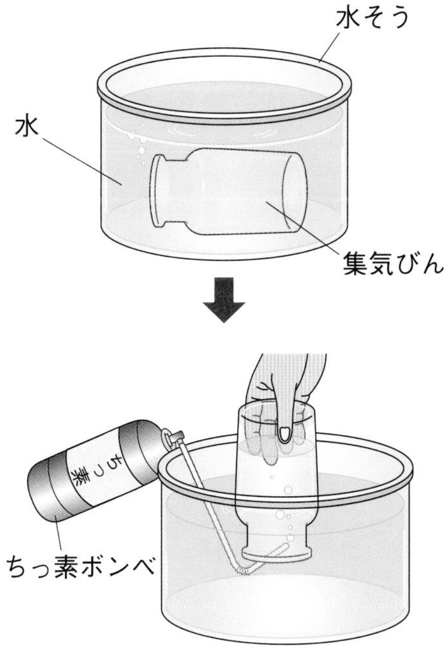

(1) 気体を集める前に何をしますか。ア〜ウから選びましょう。　(　　)

ア　集気びんの中を空気で満たす。

イ　集気びんの中を水で満たす。

ウ　集気びんに半分くらい水を入れる。

(2) ちっ素ボンベからはちっ素をどのように送りこみますか。ア、イから選びましょう。　(　　)

ア　少しずつちっ素を送りこむ。

イ　勢いよくちっ素を送りこむ。

(3) ちっ素を集めた集気びんには、いつふたをしますか。ア、イから選びましょう。　(　　)

ア　水から集気びん取り出したあと、ふたをする。

イ　水から取り出す前に、水中でふたをする。

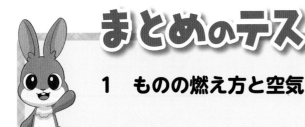

まとめのテスト①

1 ものの燃え方と空気

時間 20分

教科書 8〜17ページ　答え 2ページ

1 【ものの燃え方】 図1のように、2つのろうそくに火をつけて、㋐には底のない集気びんを、㋑には底のある集気びんをかぶせました。あとの問いに答えましょう。

1つ5〔25点〕

図1 ㋐
底のない集気びん

㋑
底のある集気びん

図2
ガスマッチ
い
あ

(1) ろうそくが燃え続けるのは、㋐、㋑のどちらですか。　（　　　）

(2) しばらくすると火が消えるのは、㋐、㋑のどちらですか。　（　　　）

(3) ろうそくを燃やしたあとの㋑の集気びんの中の空気はどうなっていますか。次のア、イから選びましょう。　（　　　）

　ア　なくなっている。

　イ　なくなっていない。

記述 (4) 底のある集気びんの中でものを燃やすと、空気の性質はどのように変わりますか。

（　　　　　　　　　　　　　　　　　　　　　　　　　　　）

(5) 図2のガスマッチの先たんには、ものが燃え続けるためのくふうが見られます。どのようなくふうですか。次のア、イから選びましょう。　（　　　）

　ア　燃えたあとの空気があ の穴から出ていき、新しい空気がい の穴から入ってくる。

　イ　燃えたあとの空気がい の穴から出ていき、新しい空気があ の穴から入ってくる。

2 【空気の成分】 空気中にふくまれる気体の体積の割合について、次の問いに答えましょう。

1つ5〔25点〕

(1) 右の図は、空気にふくまれる気体の体積の割合を表したものです。㋐、㋑はそれぞれ何ですか。

　㋐（　　　　　　　　）　㋑（　　　　　　　　）

(2) ものを燃やすはたらきがあるのは、㋐、㋑のどちらですか。　（　　　）

(3) 空気に約0.04％ふくまれている気体は何ですか。　（　　　　　　　　）

(4) (3)の気体には、ものを燃やすはたらきはありますか。　（　　　　　　　　）

その他の気体
㋐
約21％
約78％
㋑

[3] [気体の集め方] 次の図のように、気体を集気びんの中に集め、ろうそくの燃え方を比べる実験をします。あとの問いに答えましょう。

1つ5〔15点〕

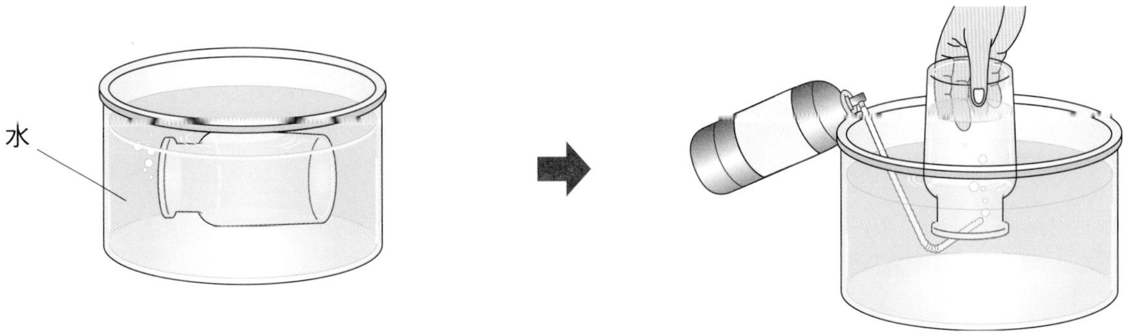

(1) 集気びんの中を何で満たしてから気体を集めますか。　(　　　)

(2) 気体の集め方について正しいものを、ア〜エから2つ選びましょう。　(　　　)(　　　)

ア　集気びんには、必要な分だけ気体を集める。

イ　集気びんの中の水がなくなるまで気体を集める。

ウ　集気びんにふたをしてから、集気びんを水中から取り出す。

エ　集気びんを水中から取り出してから、集気びんにふたをする。

よく出る

[4] [気体のはたらき] 次の図のように、ちっ素、二酸化炭素、酸素、空気を集気びんに集め、火のついたろうそくを入れました。あとの問いに答えましょう。

1つ5〔35点〕

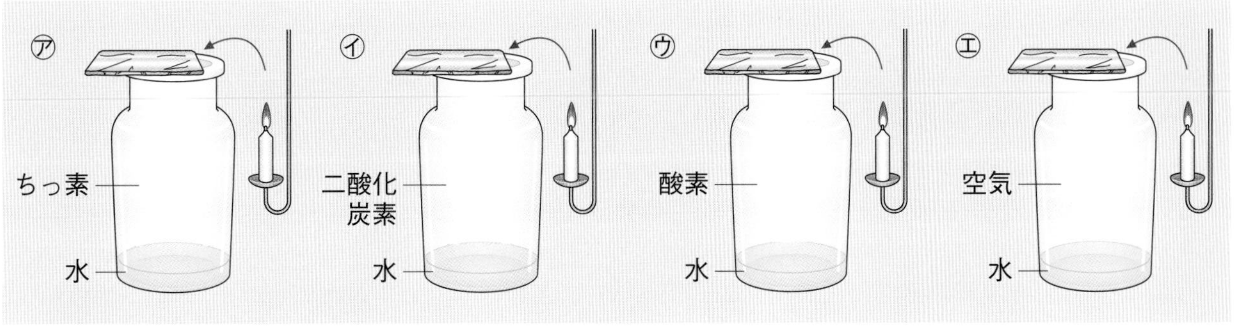

[記述] (1) 集気びんの中に、水を入れるのはなぜですか。

(　　　　　　　　　　　　　　　　)

(2) ㋐、㋑の集気びんにろうそくを入れると、ろうそくはどうなりますか。それぞれ次のア〜ウから選びましょう。　㋐(　　　)　㋑(　　　)

ア　激しく燃える。　　イ　空気の中と同じように燃える。　　ウ　すぐに火が消える。

(3) ㋒、㋓の集気びんに、同時にろうそくを入れました。ろうそくの燃え方はどのようになりますか。次のア、イから選びましょう。　(　　　)

ア　㋒のろうそくの火が消えたあと、㋓のろうそくの火が消える。

イ　㋓のろうそくの火が消えたあと、㋒のろうそくの火が消える。

(4) (3)のようになる理由について、(　)にあてはまる言葉を、下の〔　〕から選んで書きましょう。

①(　　　　　)には、ものを燃やすはたらきがある②(　　　　　)が、全体の体積の約③(　　　　　)しかふくまれていないから。

〔　ちっ素　　二酸化炭素　　酸素　　空気　　21%　　50%　　78%　〕

学習の目標・

ものを燃やしたときの空気の成分の変化について理解しよう。

2　ものを燃やすはたらき②

基本のワーク

教科書 17～23、211ページ　　答え 2 ページ

図を見て、あとの問いに答えましょう。

① 気体検知管の使い方

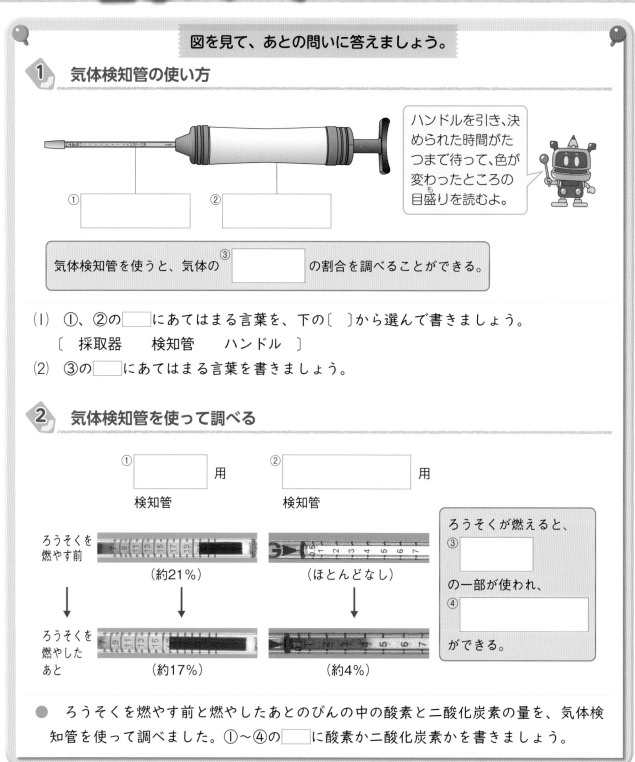

ハンドルを引き、決められた時間がたつまで待って、色が変わったところの目盛りを読むよ。

気体検知管を使うと、気体の③ [　　　] の割合を調べることができる。

(1) ①、②の [　] にあてはまる言葉を、下の〔　〕から選んで書きましょう。
〔　採取器　　検知管　　ハンドル　〕
(2) ③の [　] にあてはまる言葉を書きましょう。

② 気体検知管を使って調べる

①[　　　]用 検知管　　②[　　　]用 検知管

ろうそくを燃やす前　（約21％）　　　（ほとんどなし）

ろうそくを燃やしたあと　（約17％）　　　（約4％）

ろうそくが燃えると、③ [　　] の一部が使われ、④ [　　] ができる。

● ろうそくを燃やす前と燃やしたあとのびんの中の酸素と二酸化炭素の量を、気体検知管を使って調べました。①～④の [　] に酸素か二酸化炭素かを書きましょう。

まとめ　〔 気体検知管　酸素　二酸化炭素 〕から選んで（　）に書きましょう。

● ものを燃やすと、①（　　　　　）の一部が使われて、②（　　　　　　　）ができる。
● ③（　　　　　）を使うと、気体の体積の割合を調べることができる。

傷口にオキシドール消毒液をぬると、あわが出ます。このあわは、実は酸素です。発生した酸素には、ばいきんを殺すはたらきがあります。

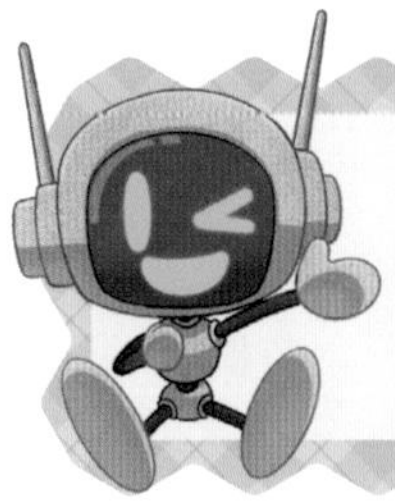

練習のワーク

できた数　/10問中

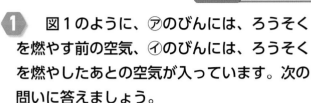

教科書 17〜23、211ページ　答え 2ページ

1 **図1のように、㋐のびんには、ろうそくを燃やす前の空気、㋑のびんには、ろうそくを燃やしたあとの空気が入っています。次の問いに答えましょう。**

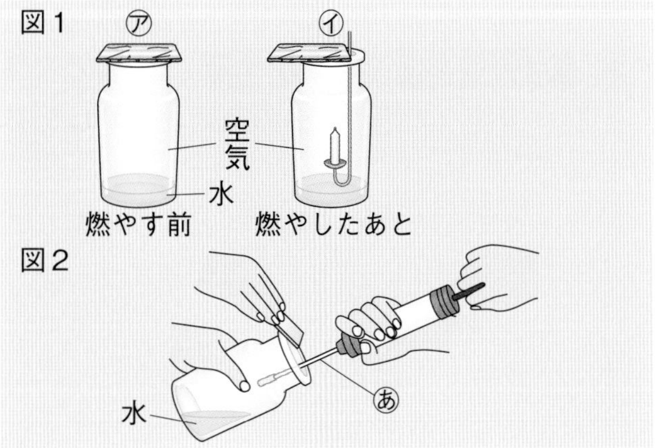

(1) 実験をするとき、目を守るために何をかけますか。（　　　）

(2) 図2のように、びんの中の酸素と二酸化炭素の割合を調べます。[あ]の器具を何といいますか。（　　　）

(3) ㋐と㋑のびんの中の空気を、[あ]の器具を使って調べると、下の図のようになりました。酸素用の[あ]を使った結果は、①、②のどちらですか。（　　　）

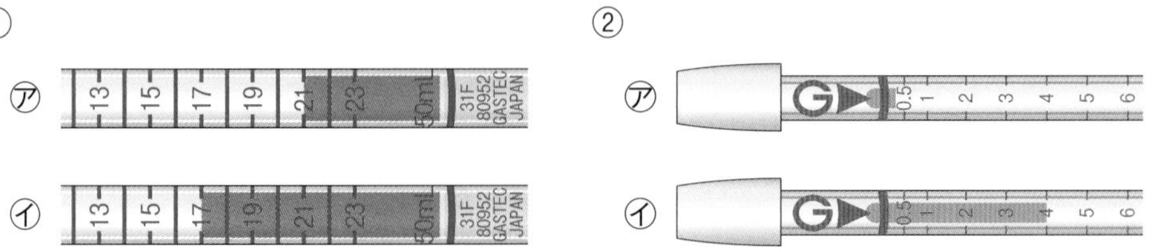

(4) ろうそくを燃やしたときに増えた気体、減った気体はそれぞれ何ですか。

増えた気体（　　　）

減った気体（　　　）

2 **右の図のように、石灰水(せっかいすい)を入れたびんの中で紙を燃やしました。次の問いに答えましょう。**

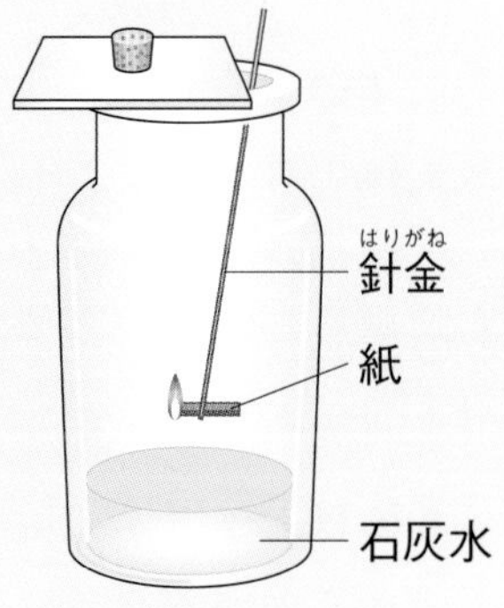

(1) 紙を燃やす前のびんに石灰水を入れ、ふたをしてふると、石灰水はどのようになりますか。ア、イから選びましょう。（　　　）

ア　白くにごる。　　イ　変化しない。

(2) 紙を燃やしたあとに残るものについて、次の文の（　）にあてはまる言葉を書きましょう。

紙や木、布などを燃やすと、①（　　　）や②（　　　）に変わる。

(3) 紙を燃やしたあと、びんから取り出し、ふたをしてふると、石灰水はどのようになりますか。（　　　）

(4) (1)、(3)の結果からわかることを、ア〜ウから選びましょう。（　　　）

ア　燃やしたあとの空気にふくまれる二酸化炭素は、燃やす前よりも増えている。

イ　燃やしたあとの空気にふくまれる二酸化炭素は、燃やす前よりも減っている。

ウ　燃やす前後で、空気にふくまれる二酸化炭素の量は変わらない。

教科書 17〜23、211ページ 答え 3ページ

1 【ものが燃えるときの変化】右の図のように、空気を入れたびんの中でろうそくを燃やし、石灰水を使って燃やす前の空気と燃やしたあとの空気について調べました。次の問いに答えましょう。

1つ4〔16点〕

(1) ろうそくを燃やす前のびんにふたをしてふりました。石灰水はどのようになりますか。

( )

(2) ろうそくを燃やしたあとのびんにふたをしてふりました。石灰水はどのようになりますか。

( )

(3) 石灰水を使うと、何という気体があるかどうかを調べることができますか。

( )

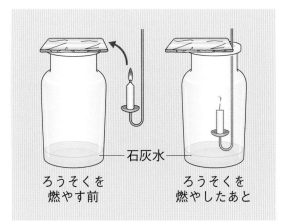

石灰水

ろうそくを
燃やす前

ろうそくを
燃やしたあと

(4) この実験から、ろうそくを燃やすと(3)の気体がどのようになることがわかりますか。

( )

2 【気体の調べ方】右の図のような器具を使うと、気体の中の酸素や二酸化炭素を調べることができます。次の問いに答えましょう。

1つ5〔30点〕

(1) あの器具を何といいますか。

( )

(2) この器具を使うと、気体の何を調べることができますか。ア〜ウから選びましょう。 ( )

ア 気体の重さ(g)

イ 気体の体積(mL)

ウ 気体の体積の割合(%)

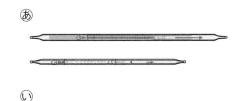
あ

い

(3) この器具はどのように使いますか。ア〜エを正しい順に並べましょう。

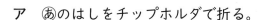
(→ → →)

ア あのはしをチップホルダで折る。

イ 決められた時間がたつまで待つ。

ウ あの矢印のついている側を、いに差しこむ。

エ 気体の入った容器にあの先を入れてハンドルを引く。

(4) 次の①〜③のうち、正しいものには○、まちがっているものには×をつけましょう。

①( )チップホルダでは、あの矢印のついていない側のはしだけを折る。

②( )ハンドルは、強く引く。

③( )酸素用のあは、使ったあと熱くなっているので、冷めるまでさわらないようにする。

3 気体の変化 次の図1のように、ろうそくを燃やす前と燃やしたあとの、びんの中の気体の体積の割合を調べました。あとの問いに答えましょう。

1つ5〔30点〕

図1

ろうそくを燃やす前　　ろうそくを燃やしたあと　　気体の体積の割合を調べる。

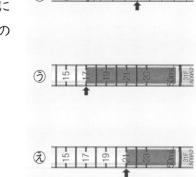

(1) ろうそくを燃やす前の酸素と二酸化炭素を調べた結果を表しているのは、それぞれ図2のあ～えのどれですか。

酸素（　　　） 二酸化炭素（　　　）

(2) ろうそくを燃やしたあとの酸素と二酸化炭素を調べた結果を表しているのは、それぞれ図2のあ～えのどれですか。

酸素（　　　） 二酸化炭素（　　　）

(3) ろうそくを燃やす前の気体の体積の割合を、下の図のように表しました。このとき、ろうそくを燃やしたあとの気体はどのように表せますか。最もよいものに○をつけましょう。

燃やす前　　①（　　　）　　②（　　　）　　③（　　　）

×二酸化炭素
● ちっ素
△ 酸素

図2

あ
い
う
え

記述 (4) ものを燃やしたあとの空気は、ものを燃やす前の空気と比べてどうなりますか。「酸素」と「二酸化炭素」という言葉を使って書きましょう。

（　　　　　　　　　　　　　　　　　　　　　　　　）

4 ものが燃えたあとの変化 木や紙、布を燃やしたときの変化について、次の問いに答えましょう。

1つ4〔24点〕

(1) 木や紙、布を、空気を集めたびんの中で燃やしました。びんの中の気体はどのように変化しますか。ア～エからそれぞれ選びましょう。

木（　　　） 紙（　　　） 布（　　　）

ア　酸素が全部使われてなくなり、二酸化炭素ができる。
イ　酸素の一部が使われて減り、二酸化炭素ができる。
ウ　二酸化炭素が全部使われてなくなり、酸素ができる。
エ　二酸化炭素の一部が使われて減り、酸素ができる。

(2) 木や紙、布を燃やしたあとは、どのようになりますか。ア、イからそれぞれ選びましょう。

木（　　　） 紙（　　　） 布（　　　）

ア　炭や灰になる。　　　イ　何も残らない。

1 体の中に取り入れた空気

基本のワーク

学習の目標
吸いこむ空気とはき出した息のちがいを理解しよう。

教科書 24〜31ページ   答え 4ページ

図を見て、あとの問いに答えましょう。

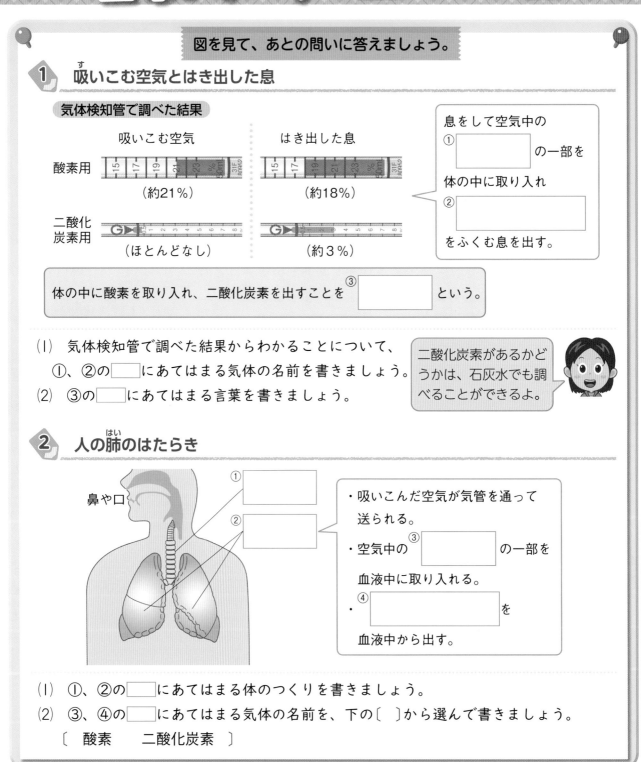

1 吸いこむ空気とはき出した息

気体検知管で調べた結果

	吸いこむ空気	はき出した息
酸素用	（約21％）	（約18％）
二酸化炭素用	（ほとんどなし）	（約3％）

息をして空気中の
①［　　　　　］の一部を
体の中に取り入れ
②［　　　　　］
をふくむ息を出す。

体の中に酸素を取り入れ、二酸化炭素を出すことを③［　　　　　］という。

(1) 気体検知管で調べた結果からわかることについて、①、②の□□にあてはまる気体の名前を書きましょう。

二酸化炭素があるかどうかは、石灰水でも調べることができるよ。

(2) ③の□□にあてはまる言葉を書きましょう。

2 人の肺のはたらき

鼻や口

①［　　　　　］
②［　　　　　］

・吸いこんだ空気が気管を通って送られる。
・空気中の③［　　　　　］の一部を血液中に取り入れる。
・④［　　　　　］を血液中から出す。

(1) ①、②の□□にあてはまる体のつくりを書きましょう。

(2) ③、④の□□にあてはまる気体の名前を、下の〔 〕から選んで書きましょう。
〔 酸素　　二酸化炭素 〕

まとめ 〔肺　酸素　呼吸〕から選んで（　）に書きましょう。

● 体の中に①（　　　　　）を取り入れ、二酸化炭素を出すことを②（　　　　　）という。

● 人が吸いこんだ空気は、気管を通って、③（　　　　　）に送られる。

はってん　＜肺の中で酸素や二酸化炭素がやりとりされる仕組み＞細かく枝分かれした気管の先には細い血管がとりまく小さなふくろがあり、ここで、酸素と二酸化炭素がやりとりされます。

練習のワーク

1 次の図のように、吸いこむ空気を入れたふくろ㋐とはき出した息を入れたふくろ㋑を用意し、石灰水を入れて口を閉じ、ふくろをふりました。あとの問いに答えましょう。

㋐　　　　　　　　　　　　　　石灰水を入れてふる。

㋑　　　　　　　　　　　　　　石灰水を入れてふる。

(1) 息を吸ったりはき出したりして、気体を体の中に取り入れたり体の外に出したりするはたらきを、何といいますか。　　　　　　　　　　（　　　　　　　）

(2) 石灰水をふくろに入れるのは、何という気体があるかどうかを調べるためですか。次のア〜ウから選びましょう。　　　　　　　　　　　（　　　　　　　）

ア　酸素　　イ　二酸化炭素　　ウ　ちっ素

(3) 石灰水を入れたふくろをふったとき、㋐、㋑の石灰水はそれぞれどのようになりますか。

㋐（　　　　　　　　　　　　）　㋑（　　　　　　　　　　　　）

(4) (3)のことから、はき出した息には、吸いこむ空気に比べて何という気体が多くふくまれていることがわかりますか。　　　　　　　（　　　　　　　）

(5) (4)の気体のほかに吸いこむ空気よりもはき出した息に多くふくまれる気体を次のア〜ウから選びましょう。　　　　　　　　　　　　（　　　　　　　）

ア　ちっ素　　イ　酸素　　ウ　水蒸気

2 右の図は、人の体のあるつくりを表したものです。次の問いに答えましょう。

(1) ㋐、㋑のつくりをそれぞれ何といいますか。

㋐（　　　　　　　）　㋑（　　　　　　　）

(2) ㋐では、血液中に何という気体を取り入れていますか。　　　　　（　　　　　　　）

(3) ㋐で、血液中から出される気体は何ですか。

（　　　　　　　）

(4) はき出した息と吸いこむ空気で、体積の割合が変わらないのは、何という気体ですか。次のア〜ウから選びましょう。　　　　（　　　　　　　）

ア　ちっ素　　イ　酸素　　ウ　二酸化炭素

(5) 体の中に(2)の気体を取り入れ、体の外に(3)の気体を出すことを何といいますか。

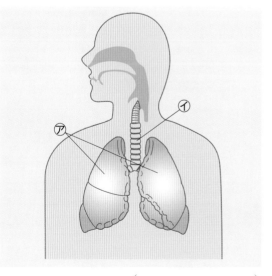

（　　　　　　　）

2 人や他の動物の体

2　体の中に取り入れた食べ物

基本のワーク

2 人や他の動物の体

練習のワーク

教科書　32〜38ページ　答え　4ページ

1　図1〜図3のようにして、だ液のはたらきを調べました。あとの問いに答えましょう。

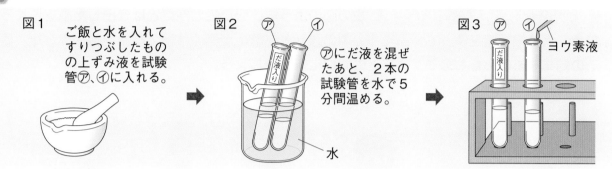

図1　ご飯と水を入れてすりつぶしたものの上ずみ液を試験管㋐、㋑に入れる。

図2　㋐にだ液を混ぜたあと、2本の試験管を水で5分間温める。

水

図3　ヨウ素液

(1)　図2の㋐と㋑で変えている条件は何ですか。次のア〜ウから選びましょう。　（　　　）

　　ア　水の温度　　イ　だ液を混ぜたか　　ウ　温める時間

(2)　図2で、試験管を温めるときの水の温度はどのくらいがよいですか。次のア〜ウから選びましょう。　（　　　）

　　ア　約20℃　　イ　約35℃　　ウ　約50℃

(3)　図3で、㋐、㋑にヨウ素液を入れると、それぞれの色は変化しますか。

　　　　　　　　　　　　　㋐（　　　　　　　　　）　㋑（　　　　　　　　　）

(4)　(3)から、図3の㋐、㋑にでんぷんはありますか。

　　　　　　　　　　　　　㋐（　　　　　　　　　）　㋑（　　　　　　　　　）

(5)　この実験から、だ液にはでんぷんを別のものに変えるはたらきがあるといえますか。

　　　　　　　　　　　　　　　　　　　　　　　　　　　　（　　　　　　　　　）

2　右の図は、人の体のつくりを表したものです。次の問いに答えましょう。

(1)　食べ物を歯で細かくかみくだいたり、だ液などで体に吸収されやすい養分に変えたりすることを何といいますか。　（　　　　　　　　　）

(2)　だ液のように、(1)に関わる液体を何といいますか。

　　　　　　　　　　　　　（　　　　　　　　　）

(3)　次の①〜④のつくりを図の㋐〜㋓から選びましょう。また、そのつくりの名前を書きましょう。

　①　胃液が出される。

　　　　　記号（　　　）　名前（　　　　　　　　　）

　②　養分を水とともに、血液中に吸収する。

　　　　　記号（　　　）　名前（　　　　　　　　　）

　③　②のあと、さらに水分を吸収する。

　　　　　記号（　　　）　名前（　　　　　　　　　）

　④　血液中の養分の一部をたくわえる。

　　　　　記号（　　　）　名前（　　　　　　　　　）

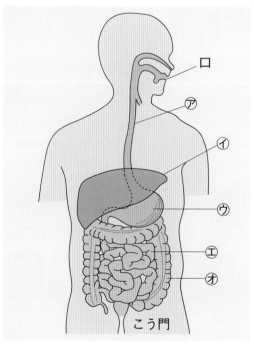

口

㋐

㋑

㋒

㋓

㋔

こう門

まとめのテスト①

2 人や他の動物の体

時間 20分

得点 /100点

教科書 24〜38ページ 答え 4ページ

1 　**吸いこむ空気とはき出した息**　次の図のように、吸いこむ空気とはき出した息をふくろに集め、気体検知管を使って、ふくろの中の酸素と二酸化炭素の体積の割合を調べました。表は、その結果をまとめたものです。あとの問いに答えましょう。　　　　　　　　　　　1つ4〔20点〕

　㋐ 吸いこむ空気　　　㋑ はき出した息

酸素と二酸化炭素の量（体積の割合）

	酸素	二酸化炭素
㋒	約18%	約3%
㋓	約21%	ほとんどなし

(1)　㋑のはき出した息を入れたふくろの結果を表しているのは、表の㋒、㋓のどちらですか。

（　　　）

(2)　この実験からわかることについて、次の文の（　）にあてはまる言葉を下の〔　〕から選んで書きましょう。

　　人は息をすることで、体の中に空気中の①（　　　　　　　　　　　）の一部を取り入れ、かわりに②（　　　　　　　　　　）を出す。この気体のやりとりを③（　　　　　　　　　　）という。

〔　酸素　　ちっ素　　二酸化炭素　　呼吸　〕

(3)　水蒸気（すいじょうき）が多くふくまれるのは、㋐、㋑のどちらですか。　　　　　　（　　　）

2 　**人の呼吸**　次の図は、人の呼吸に関わる体のつくりを表したものです。あとの問いに答えましょう。　　　　　　　　　　　　　　　　　　　　　　　　　　　　1つ5〔25点〕

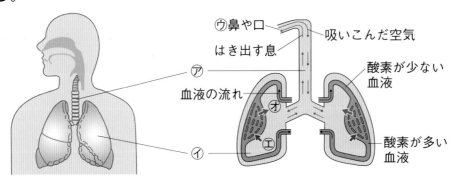

(1)　㋐、㋑のつくりをそれぞれ何といいますか。

㋐（　　　　　　　　）　㋑（　　　　　　　　）

(2)　㋑では、空気中の㋓を血液中に取り入れ、血液中から㋔を出しています。㋓、㋔は何を表していますか。それぞれ次のア〜ウから選びましょう。　　　　㋓（　　　）　㋔（　　　）

　ア　ちっ素　　イ　酸素　　ウ　二酸化炭素

(3)　空気中の㋓は、どのような順で体の中を移動し、血液中に取り入れられますか。㋐〜㋒を並べましょう。　　　　　　　　　　　　　（　　　→　　　→　　　）

よく出る

3 だ液のはたらき

次の図のように、2本の試験管㋐、㋑に、ご飯と水をすりつぶした上ずみ液を入れ、㋑にはだ液を混ぜました。これらを約35℃の湯で温めました。あとの問いに答えましょう。　1つ5〔25点〕

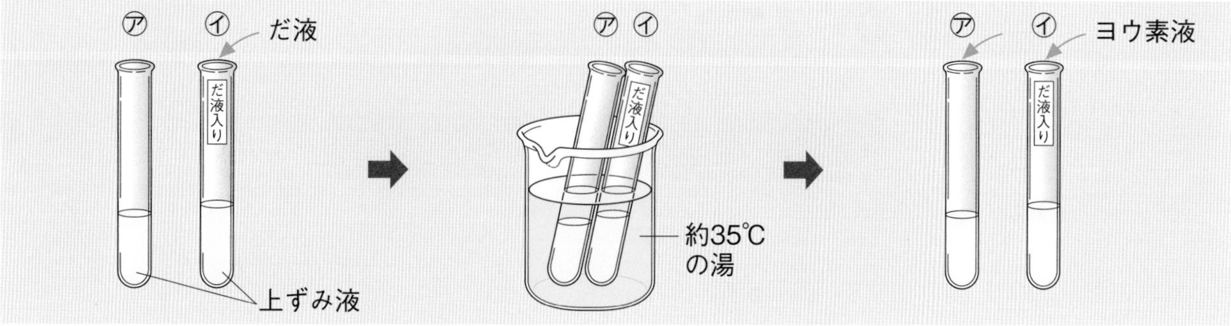

(1) 約35℃の湯で温めるのはなぜですか。次のア～ウから選びましょう。（　　　）

ア　でんぷんが変化しないようにするため。

イ　試験管がこわれない温度にするため。

ウ　口の中と同じくらいの温度にするため。

(2) しばらくして、㋐、㋑の試験管にヨウ素液を入れました。色が変化したのは、㋐、㋑のどちらですか。（　　　）

(3) でんぷんがふくまれていなかったのは、㋐、㋑のどちらですか。（　　　）

記述 (4) (3)で選んだものにでんぷんがなくなっていたのはなぜですか。

（　　　　　　　　　　　　　　　　　　　　）

(5) だ液や胃液のように、食べ物の消化に関わる液体を何といいますか。

（　　　　　）

4 消化と吸収

右の図は、人の消化と吸収に関わる体のつくりを表したものです。次の問いに答えましょう。　1つ5〔30点〕

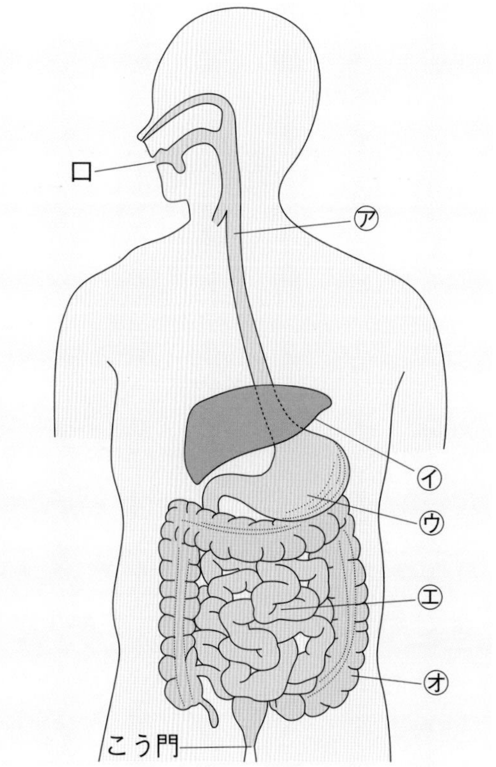

(1) 口からこう門までの食べ物の通り道を何といいますか。（　　　）

(2) ㋐～㋔のうち、(1)にあてはまらないつくりはどれですか。（　　　）

記述 (3) 吸収されずに残ったものは、こう門まで運ばれたあと、どのようになりますか。

（　　　　　　　　　　　　）

(4) ㋑～㋔には、それぞれ決まったはたらきがあります。このように、体の中で、決まったはたらきをするものを何といいますか。（　　　）

(5) ㋑には、どのようなはたらきがありますか。ア～エから2つ選びましょう。（　　　）（　　　）

ア　主に水分を吸収する。

イ　養分を血液中に吸収する。

ウ　血液中の養分の一部をたくわえる。

エ　必要なときに、養分を血液中に送り出す。

3 血液中に取り入れられたもののゆくえ①

学習の目標
養分や酸素を取り入れた血液が、体を流れる仕組みを理解しよう。

基本のワーク

教科書 39～41ページ　答え 5ページ

図を見て、あとの問いに答えましょう。

1 人の体の血液の流れ

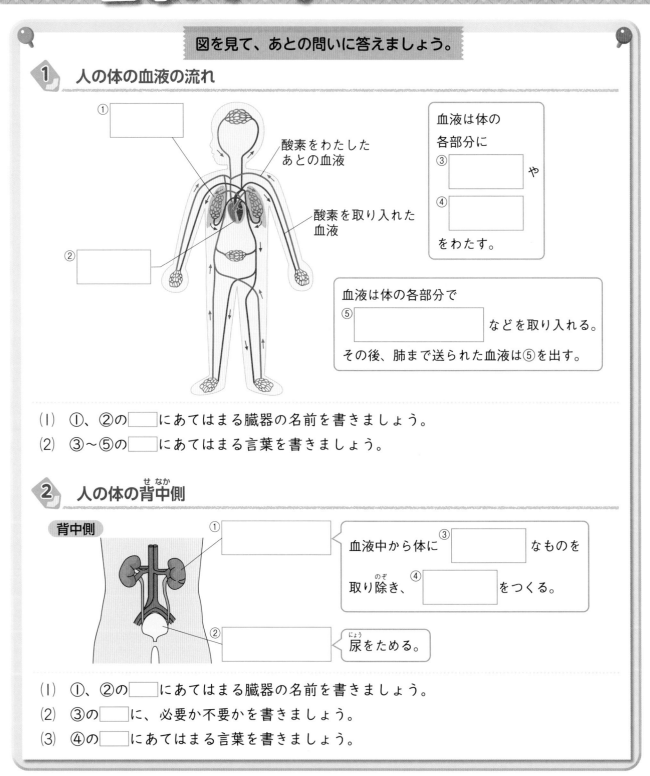

① 　

② 　

酸素をわたしたあとの血液

酸素を取り入れた血液

血液は体の各部分に
③ 　 や
④ 　
をわたす。

血液は体の各部分で
⑤ 　 などを取り入れる。
その後、肺まで送られた血液は⑤を出す。

(1) ①、②の□にあてはまる臓器の名前を書きましょう。

(2) ③～⑤の□にあてはまる言葉を書きましょう。

2 人の体の背中側

背中側

① 　

② 　
尿をためる。

血液中から体に③ 　 なものを
取り除き、④ 　 をつくる。

(1) ①、②の□にあてはまる臓器の名前を書きましょう。

(2) ③の□に、必要か不要かを書きましょう。

(3) ④の□にあてはまる言葉を書きましょう。

まとめ　〔 腎臓　酸素　二酸化炭素 〕から選んで（　）に書きましょう。

● 血液は体の各部分に養分や①（　　　　　　）をわたし、②（　　　　　　　　）などを取り入れる。

● 背中側には③（　　　　　　）が2つあり、血液中の不要なものを取り除き、尿をつくる。

わくわくたんてい団　血液型の分布を調べると、日本では、およそ40％の人がA型、30％がO型、20％がB型、10％がAB型です。この割合は、国によってちがっています。

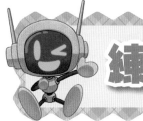

勉強した日　　月　　日

練習のワーク

できた数　　/12問中

教科書　39~41ページ　　答え　5ページ

1　人の体のつくりを表した右の図を見て、次の問いに答えましょう。

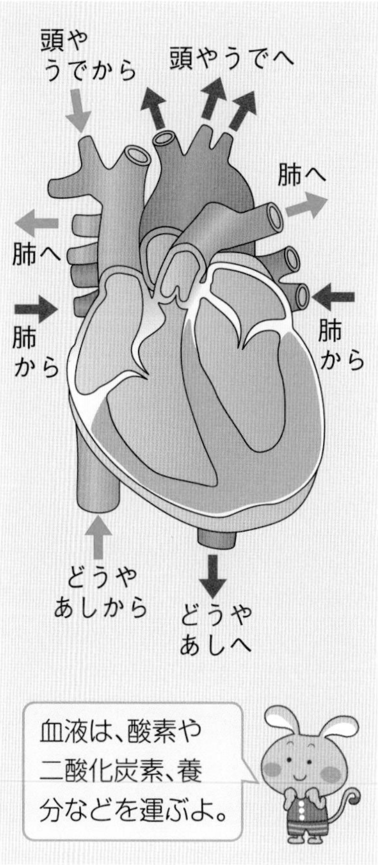
頭やうでから
頭やうでへ
肺へ
肺へ
肺から
肺から
どうやあしから
どうやあしへ
血液は、酸素や二酸化炭素、養分などを運ぶよ。

(1)　図の臓器は、血液を全身に送り出しています。何という臓器ですか。　(　　　　)

(2)　肺では、血液から何が出されますか。ア、イから選びましょう。　(　　　)

ア　酸素　　イ　二酸化炭素

(3)　肺では血液に何が取り入れられますか。(2)のア、イから選びましょう。　(　　　)

(4)　手首などを指先でおさえたときに感じることができる、血管の動きを何といいますか。　(　　　　)

(5)　心臓（しんぞう）の動きは(4)として手首などに伝わっていますか。　(　　　　)

(6)　次の文のうち、正しいものに2つ○をつけましょう。

①(　　　)血液は、体の各部分に酸素や養分をわたす。

②(　　　)血液は、体の各部分に二酸化炭素をわたす。

③(　　　)体中に行きわたった血液は、心臓にもどらずに、直接肺に送られる。

④(　　　)体中に行きわたった血液は、心臓にもどったあと、肺に送られる。

2　右の図は、人の体のつくりを表したものです。次の問いに答えましょう。

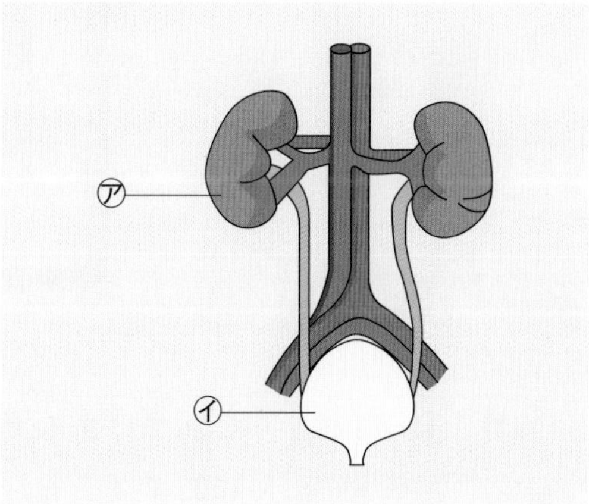
㋐
㋑

(1)　㋐の臓器の名前を書きましょう。　(　　　　)

(2)　㋐の臓器があるのは、体の胸（むね）側ですか、背中側ですか。　(　　　　)

(3)　㋐の臓器は、どのようなはたらきをしていますか。次のア～オから2つ選びましょう。　(　　　)(　　　)

ア　養分の一部をたくわえる。

イ　必要なときに養分を血液中に送り出す。

ウ　血液中から不要なものを取り除く。

エ　尿をつくる。

オ　消化液を出している。

(4)　㋑には尿をためるはたらきがあります。㋑の臓器を何といいますか。次のア～ウから選びましょう。　(　　　)

ア　小腸　　イ　大腸（だいちょう）　　ウ　ぼうこう

勉強した日　月　日

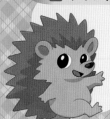

3　血液中に取り入れられたもののゆくえ②
他の動物の体
基本のワーク

学習の目標
生きていくために必要ないろいろな体の仕組みについて理解しよう。

教科書 41～49ページ　答え 6ページ

図を見て、あとの問いに答えましょう。

1 人の体の仕組み

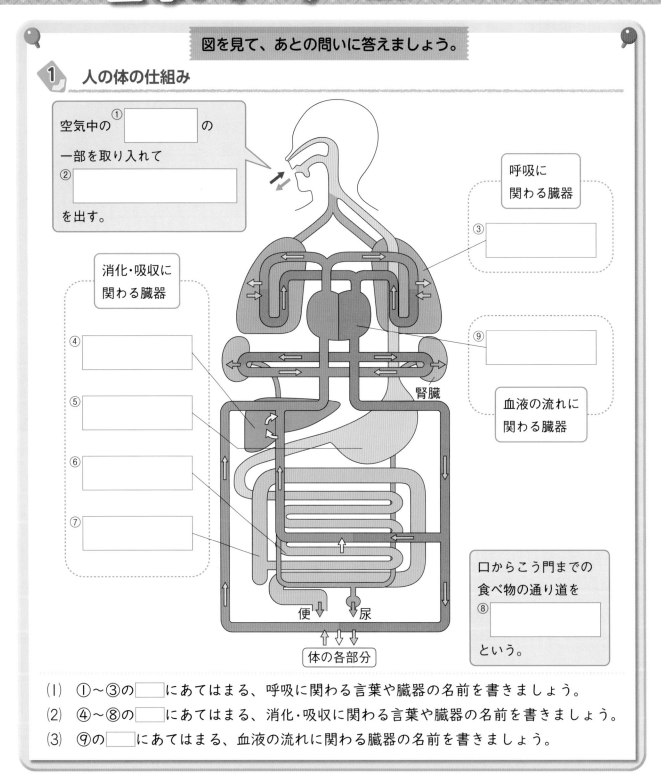

空気中の① [　　] の一部を取り入れて② [　　] を出す。

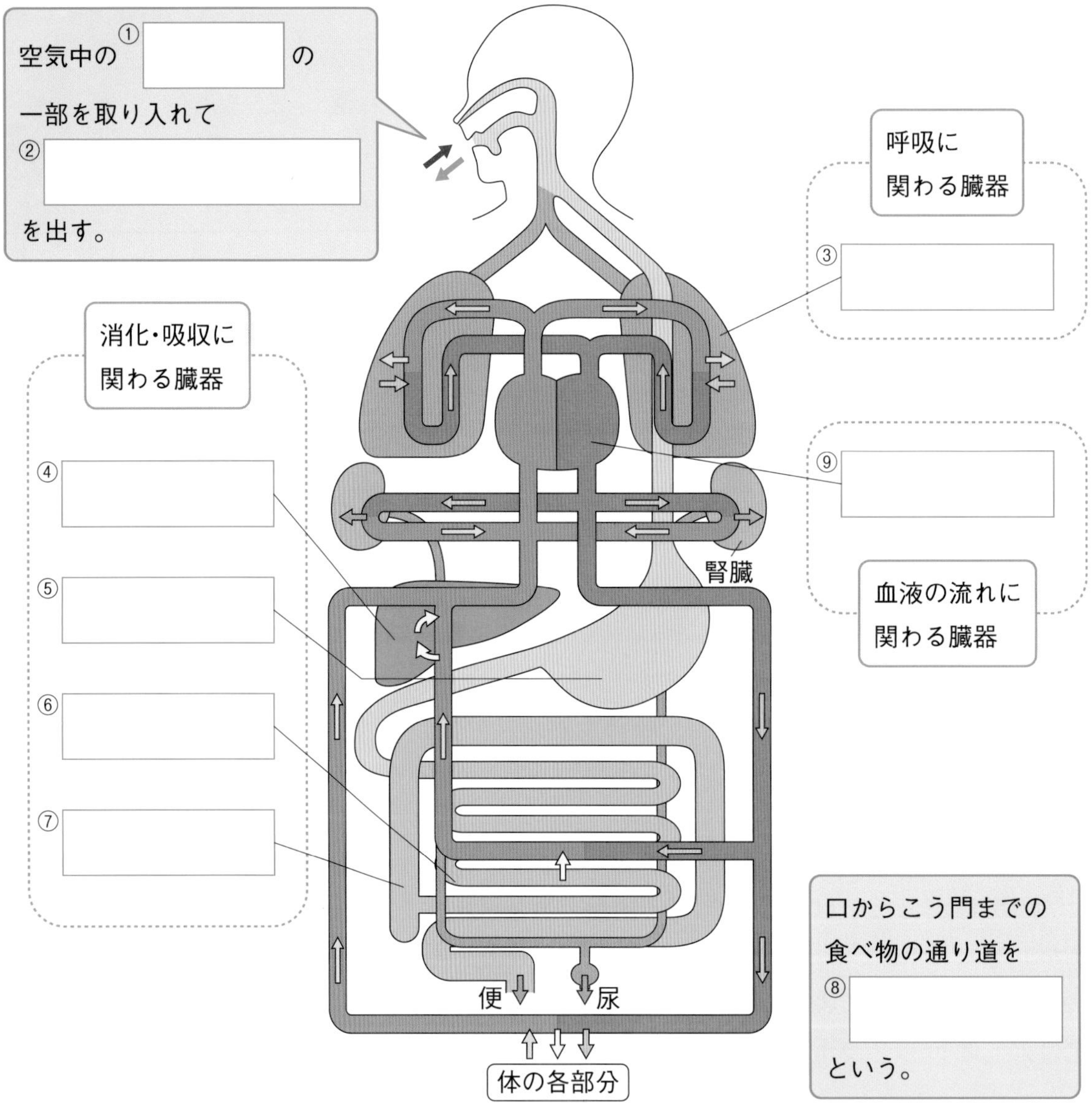

口からこう門までの食べ物の通り道を⑧ [　　] という。

(1)　①～③の[　　]にあてはまる、呼吸に関わる言葉や臓器の名前を書きましょう。
(2)　④～⑧の[　　]にあてはまる、消化・吸収に関わる言葉や臓器の名前を書きましょう。
(3)　⑨の[　　]にあてはまる、血液の流れに関わる臓器の名前を書きましょう。

まとめ　〔 呼吸　消化・吸収　血液の流れ 〕から選んで(　)に書きましょう。

- 心臓は①(　　　　)に、肺は②(　　　　)に関わる臓器である。
- 胃、小腸、大腸、肝臓(かんぞう)は③(　　　　)に関わる臓器である。

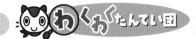

わくわくたんてい団
脈はくの数(心臓の動き)や呼吸、尿の量などは、脳が体の状態や環境の変化に合わせて調節しています。きん張によって脈はくの数が多くなるのも、脳が調節しているからです。

練習のワーク

教科書 **41～49ページ**　答え **6ページ**

1 右の図は人の体の仕組みを表しています。次の問いに答えましょう。

(1) ㋐～㋖の臓器の名前をそれぞれ書きましょう。

㋐(　　　　　　) ㋑(　　　　　　)
㋒(　　　　　　) ㋓(　　　　　　)
㋔(　　　　　　) ㋕(　　　　　　)
㋖(　　　　　　)

(2) ㋐で取り入れた酸素や、生きていくために必要な養分などは何に取り入れられて体の各部分に運ばれますか。　(　　　　　　)

(3) ㋐～㋖のうち、呼吸に関わる臓器を選びましょう。
　(　　　　　　)

(4) ㋐～㋖のうち、血液の流れに関わる臓器を選びましょう。　(　　　　　　)

(5) ㋐～㋖のうち、消化・吸収に関わる臓器をすべて選びましょう。　(　　　　　　)

(6) 生命を保つために、呼吸、消化・吸収、血液が流れる仕組みは、それぞれ関わっていますか。
　(　　　　　　)

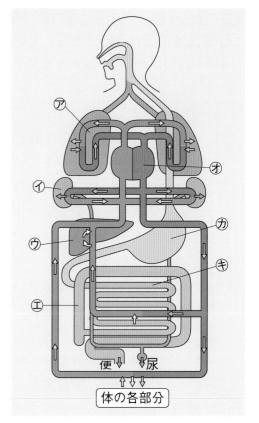

体の各部分

2 右の図は、イヌとフナの体のつくりと、体を流れる血液の様子を表したものです。次の問いに答えましょう。

(1) イヌは、㋐で空気中の酸素を血液中に取り入れています。㋐を何といいますか。　(　　　　　　)

(2) イヌの呼吸の仕組みは、人の呼吸の仕組みと同じですか、ちがいますか。　(　　　　　　)

(3) フナはどこにある酸素を取り入れますか。次のア、イから選びましょう。　(　　　　　　)
　ア　空気中　　イ　水中

(4) フナは、㋑で酸素を血液中に取り入れています。㋑を何といいますか。　(　　　　　　)

(5) フナの呼吸の仕組みは、人の呼吸の仕組みと同じですか、ちがいますか。　(　　　　　　)

(6) イヌやフナの心臓のはたらきについて、正しいものを次のア～ウから選びましょう。　(　　　　　　)
　ア　血液を全身に送り出す。　　イ　食べ物を消化する。　　ウ　養分を吸収する。

(7) 図で、体の各部分に酸素をわたしたあとの血液は、㋐、㋑のどちらですか。　(　　　　　　)

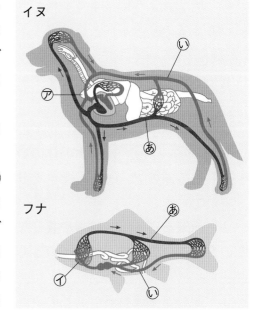

イヌ

フナ

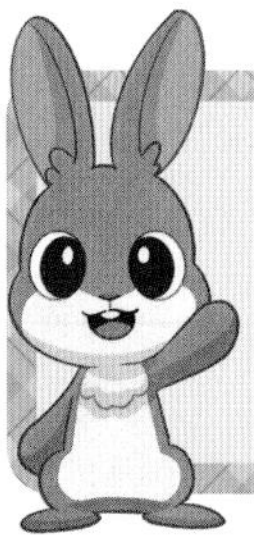

まとめのテスト②

2　人や他の動物の体

勉強した日　月　日

時間 20分

得点　/100点

教科書 39～49ページ　答え 6ページ

1 血液が流れる仕組み　図1は、人の体の中を血液が流れる様子を簡単(かんたん)に表したもので、矢印は血液の流れる向きを表しています。次の問いに答えましょう。　1つ2〔20点〕

(1)　図1の㋐、㋑の臓器の名前をそれぞれ書きましょう。

㋐(　　　　　　)　㋑(　　　　　　)

(2)　血液は、どのような順で体の中を流れていますか。次のア～ウから選びましょう。(　　　)

ア　体の各部分→肺→心臓→体の各部分

イ　体の各部分→心臓→肺→体の各部分

ウ　体の各部分→心臓→肺→心臓→体の各部分

(3)　次のうち、酸素をわたしたあとの血液の流れはどれですか。正しいものに2つ○をつけましょう。

①(　　)心臓から体の各部分に送られる血液

②(　　)心臓から肺に送られる血液

③(　　)体の各部分から心臓にもどる血液

④(　　)肺から心臓にもどる血液

図1

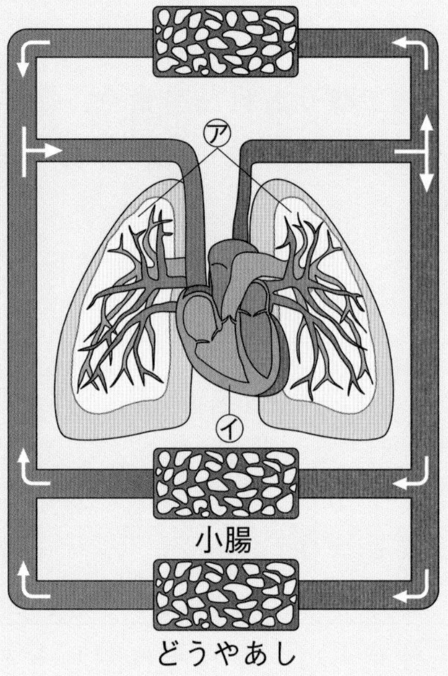
頭やうで
㋐
㋑
小腸
どうやあし

(4)　血液が運ぶものについて、次の文の(　)にあてはまる言葉を書きましょう。

・肺で取り入れた①(　　　　　)や小腸で吸収した②(　　　　　)を体中に運ぶ。

・体の各部分からの③(　　　　　　)を肺に運び、体の外に出す。

(5)　図2のように、手首を指でおさえると感じられる血管の動きを何といいますか。

(　　　　　　)

(6)　(5)は、何の動きが血管まで伝わったものですか。

(　　　　　　)

図2

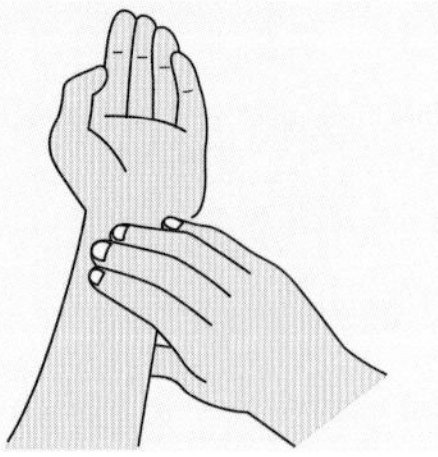

2 他の動物の体　フナの体のつくりについて、次の問いに答えましょう。　1つ5〔20点〕

(1)　右の図の㋐、㋑を、それぞれ何といいますか。

㋐(　　　　　　)　㋑(　　　　　　)

(2)　血液を送り出し酸素や養分などを運ぶはたらきをしているのは、㋐、㋑のどちらですか。

(　　　)

(3)　図のあを流れるのはどのような血液ですか。次のア、イから選びましょう。(　　　)

ア　酸素を取り入れた血液　　イ　酸素をわたしたあとの血液

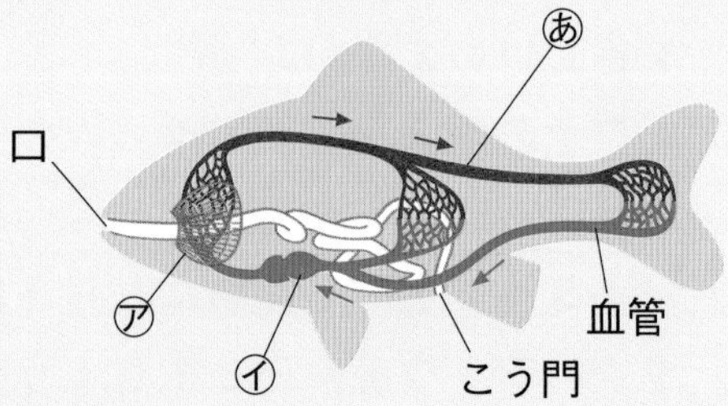
あ
口
㋐
㋑
血管
こう門

よく出る

3 さまざまな臓器 人の体の仕組みについて、次の問いに答えましょう。 1つ3〔39点〕

(1) 次のはたらきをしているのは、体のどのつくりですか。あてはまるつくりを図の㋐～㋗から選びましょう。また、そのつくりの名前を書きましょう。

① ふくろのようになっている。食べ物と胃液をよく混ぜて、吸収しやすい形に変える。

記号(　　　) 名前(　　　　　　　)

② 食べ物を細かくかみくだき、だ液を出して食べ物とよく混ぜる。

記号(　　　) 名前(　　　　　　　)

③ 腹(はら)の中心にある細長い管で、養分を水とともに血液中に吸収する。

記号(　　　) 名前(　　　　　　　)

④ 吸収された養分の一部をたくわえる。

記号(　　　) 名前(　　　　　　　)

⑤ 吸収されずに残ったものから、さらに水分を吸収する。

記号(　　　) 名前(　　　　　　　)

⑥ 空気中の酸素を血液中に取り入れ、二酸化炭素を血液中から出す。

記号(　　　) 名前(　　　　　　　)

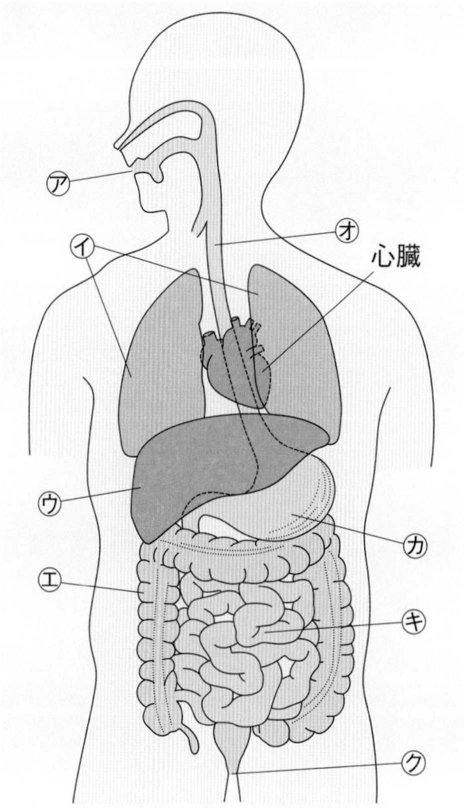

記述 (2) 心臓は、どのようなはたらきをしていますか。

(　　　　　　　　　　　　　　　　　　　　　　　　　　　)

4 不要なもののゆくえ 右の図は、血液中から不要なものを取り除くはたらきをする人の体のつくりを表したものです。次の問いに答えましょう。 1つ3〔21点〕

(1) ㋐では血液中から不要なものを取り除き、㋑にためています。㋐、㋑をそれぞれ何といいますか。

㋐(　　　　　　)

㋑(　　　　　　)

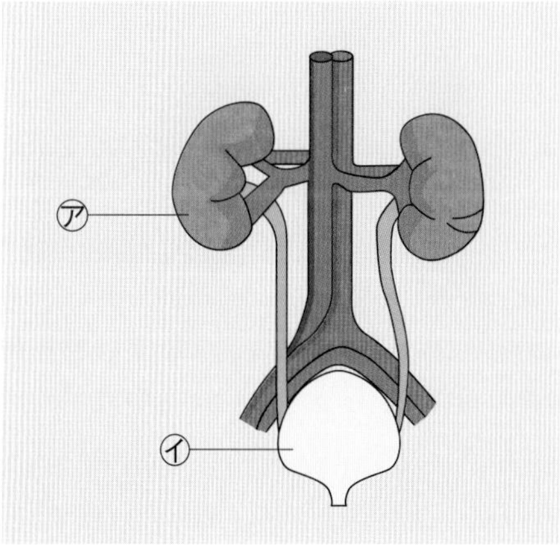

(2) ㋐の臓器は、体のどちら側にありますか。次のア、イから選びましょう。 (　　　)

ア 体の胸側

イ 体の背中側

(3) 不要になったものは、何として㋑から体の外に出されますか。 (　　　　　　)

(4) 血液は、不要になった二酸化炭素も運んでいます。二酸化炭素は、何という臓器で血液中から出されますか。 (　　　　　　)

(5) 食べ物が消化・吸収されたあとに残った不要なものは、どのようになりますか。次の文の(　)にあてはまる言葉を書きましょう。

①(　　　　　　)から②(　　　　　)として体の外に出される。

1　水の通り道①

基本のワーク

学習の目標
根から取り入れられた水がどのように運ばれるか理解しよう。

図を見て、あとの問いに答えましょう。

1　水を運ぶつくり

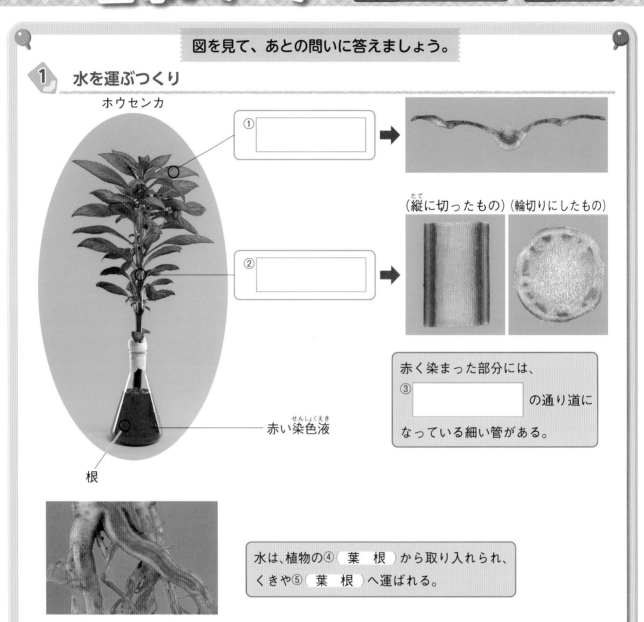

ホウセンカ

① [　　　]

（縦に切ったもの）（輪切りにしたもの）

② [　　　]

赤く染まった部分には、
③ [　　　]の通り道になっている細い管がある。

赤い染色液

根

水は、植物の④（　葉　根　）から取り入れられ、くきや⑤（　葉　根　）へ運ばれる。

(1)　①、②の □ にあてはまる植物のつくりを書きましょう。

(2)　赤く染まった部分は何の通り道ですか。③の □ にあてはまる言葉を書きましょう。

(3)　④、⑤の（　）のうち、正しいほうを ◯ で囲みましょう。

水は、根からくき、葉へと運ばれていくんだよ。

まとめ　〔水　根　葉〕から選んで（　）に書きましょう。

● 根、くき、葉には、①（　　　　　）の通り道になる細い管がある。

● ②（　　　　　）から取り入れられた水は、くき、③（　　　　　）へと運ばれる。

植物の根の先には、根毛という毛のようなものがたくさんあります。細い毛のような形をしているので、根の面積が大きくなり、水を吸収しやすくなっています。

練習のワーク

教科書　50〜55ページ　　答え　7ページ

1 ホウセンカを根ごとほり取り、根を水で洗ったあと、右の図のように切り花用の染色液にひたしました。次の問いに答えましょう。

(1) くきを縦切りと輪切りにしたときの組み合わせを、次の㋐〜㋒から選びましょう。　　　　　　　　　　　　　　（　　　　）

㋐　㋑　㋒
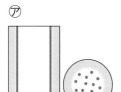　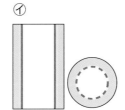　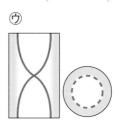

(2) 葉を切ったときの様子を、次の㋐〜㋒から選びましょう。　　　　　　　　　　　　　　　　　　　　　　　（　　　　）

㋐　㋑　㋒

(3) 赤く染まった部分は、何の通り道となっている管ですか。
（　　　　　　　　　）

(4) 水は、どのような順で運ばれますか。根、くき、葉を並べましょう。
（　　　　→　　　　→　　　　）

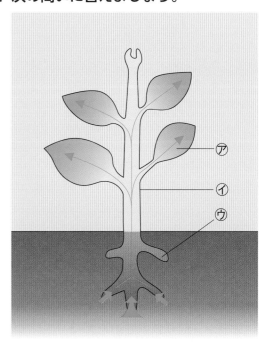

切り花用
染色液

2 植物の体に取り入れられた水の運ばれ方について、次の問いに答えましょう。

(1) 図の㋐〜㋒について正しいものを、次のア〜ウから選びましょう。　　　　　（　　　　）
　ア　㋐は根、㋑はくき、㋒は葉である。
　イ　㋐はくき、㋑は根、㋒は葉である。
　ウ　㋐は葉、㋑はくき、㋒は根である。

(2) 水は、どこから取り入れられますか。次のア〜ウから選びましょう。　　　　　（　　　　）
　ア　根　　イ　くき　　ウ　葉

(3) 水の運ばれ方として正しいものを、次のア〜ウから選びましょう。　　　　　（　　　　）
　ア　植物の体全体がスポンジのようになっていて、水がしみこむように伝わる。
　イ　水の通り道になっている管の中を通って、体全体に水が運ばれる。
　ウ　くきのまん中に1本ある太い管を通って、水が運ばれる。

25

1 水の通り道②

基本のワーク

学習の目標・
葉まで行きわたった水
のゆくえを、実験を通
して理解しよう。

教科書 56〜58ページ 答え 7ページ

図を見て、あとの問いに答えましょう。

1 葉から出ていく水

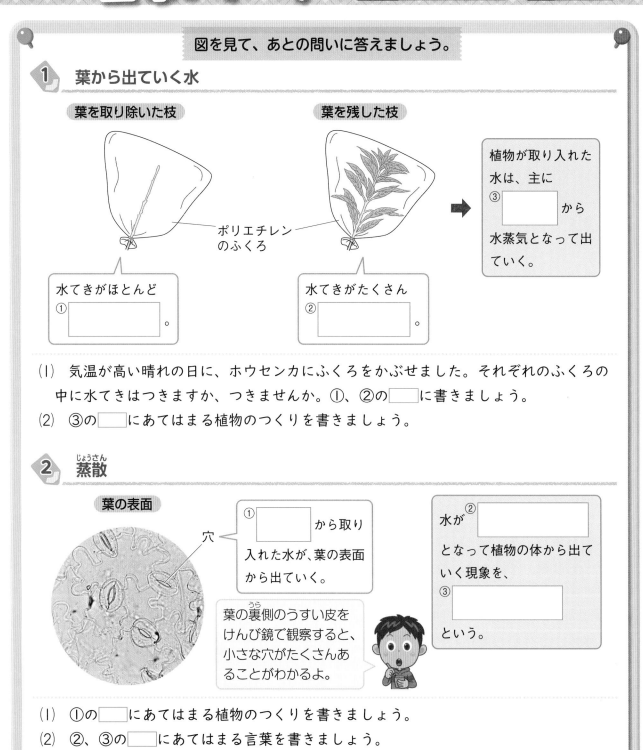

葉を取り除いた枝

葉を残した枝

ポリエチレン
のふくろ

植物が取り入れた
水は、主に
③［ ］から
水蒸気となって出
ていく。

水てきがほとんど
①［ 　　　　 ］。

水てきがたくさん
②［ 　　　　 ］。

(1) 気温が高い晴れの日に、ホウセンカにふくろをかぶせました。それぞれのふくろの
中に水てきはつきますか、つきませんか。①、②の［ ］に書きましょう。

(2) ③の［ ］にあてはまる植物のつくりを書きましょう。

2 蒸散（じょうさん）

葉の表面

穴

①［ 　　　 ］から取り
入れた水が、葉の表面
から出ていく。

葉の裏（うら）側のうすい皮を
けんび鏡で観察すると、
小さな穴がたくさんあ
ることがわかるよ。

水が②［ 　　　 ］
となって植物の体から出て
いく現象を、
③［ 　　　 ］
という。

(1) ①の［ ］にあてはまる植物のつくりを書きましょう。

(2) ②、③の［ ］にあてはまる言葉を書きましょう。

まとめ 〔 水蒸気 蒸散 〕から選んで（ ）に書きましょう。

● 根から取り入れられた水は、主に葉から①（ 　　　 ）となって出ていく。

● 植物の体から水蒸気が出ていくことを②（ 　　　 ）という。

秋や冬は日光が弱く、植物の葉では養分ができにくくなります。そこで、大きな葉をもつ
一部の木は、葉を落として葉からの蒸散をなくし、体の水分を保ちます。

練習のワーク

❶　右の図のようにしたホウセンカの枝にふくろをかぶせ、植物の取り入れた水がどこから出
ているのかを調べました。次の問いに答えましょう。

(1)　この実験は、どのような日に行いますか。次のア、
イから選びましょう。　　　　　　　（　　　　）

　　ア　気温の高い、晴れの日

　　イ　気温の低い、くもりの日

(2)　しばらくすると、㋐、㋑のふくろの中の様子はど
のようになっていますか。次のア〜エから選びまし
ょう。　　　　　　　　　　　　　（　　　　）

　　ア　㋐のふくろにも㋑のふくろにも、水てきがたく
さんついている。

　　イ　㋐のふくろには水てきがたくさんついているが、
㋑のふくろにはほとんどついていない。

　　ウ　㋐のふくろには水てきがほとんどついていない
が、㋑のふくろにはたくさんついている。

　　エ　㋐のふくろにも㋑のふくろにも、水てきがほとんどついていない。

㋑ 葉を残した枝

㋐
葉を取り除いた枝

(3)　ふくろの中についた水てきは、主に根、くき、葉のどのつくりから出てきたものだと考え
られますか。

（　　　　　　　　　）

(4)　ふくろの中についた水てきは、植物がどこから取り入れて、(3)のつくりまで運ばれたもの
ですか。次のア〜ウから選びましょう。　　　　　　　　　　　　（　　　　）

　　ア　根　　イ　くき　　ウ　葉の表面

❷　右の写真は、ホウセンカのあるつくりの様子をけん
び鏡で観察したときのものです。次の問いに答えましょ
う。

(1)　観察したのは、ホウセンカの根、くき、葉のどのつ
くりですか。

（　　　　　　　　　）

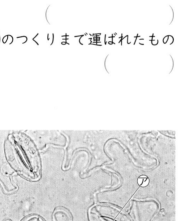

㋐

(2)　㋐の穴から出ていくものについて、次の文の（　）にあてはまる言葉を書きましょう。

　　ホウセンカが根から取り入れた①（　　　　　　）は、②（　　　　　　　　）になって、㋐の穴
から出ていく。このとき、ホウセンカの体から②が出ていく現象を③（　　　　　）という。

(3)　㋐の穴について、正しいものを次のア、イから選びましょう。　　　　　（　　　　）

　　ア　㋐の穴はホウセンカにしかない。

　　イ　㋐の穴はホウセンカ以外の植物にもある。

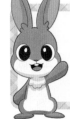

まとめのテスト①

3 植物の体

勉強した日　　月　　日

時間 20分

得点　　/100点

教科書 50～58ページ　　答え 8ページ

1 [植物と水] **右の図のように、切り花用の染色液にホウセンカの根をひたしました。しばらくすると、根、くき、葉が赤くなったので、それぞれの部分を切って観察しました。次の問いに答えましょう。** 1つ3〔15点〕

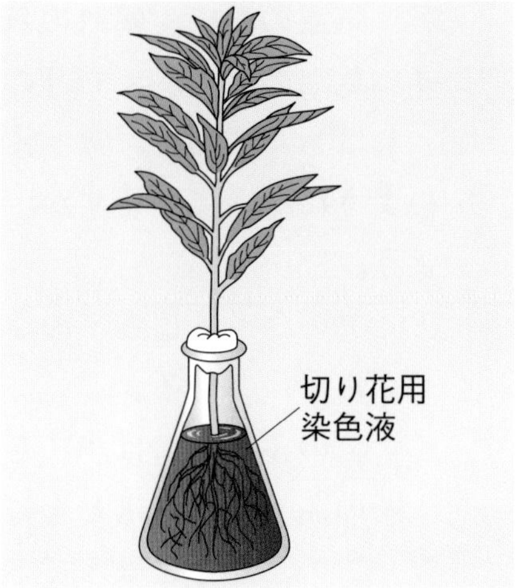

(1) くきを輪切りにした切り口の様子を、次の㋐～㋒から選びましょう。（　　）

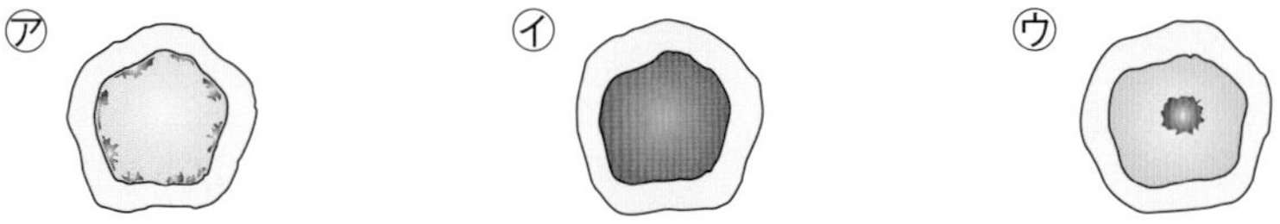

(2) くきを縦に切った切り口の様子を、次の㋐～㋒から選びましょう。（　　）

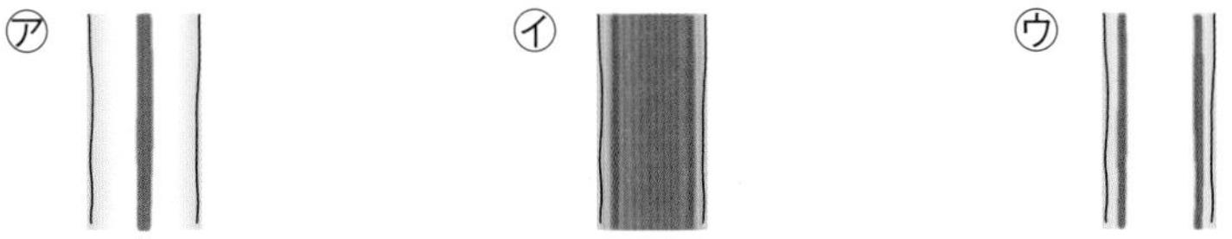

(3) 葉の切り口の様子を、次の㋐～㋒から選びましょう。（　　）

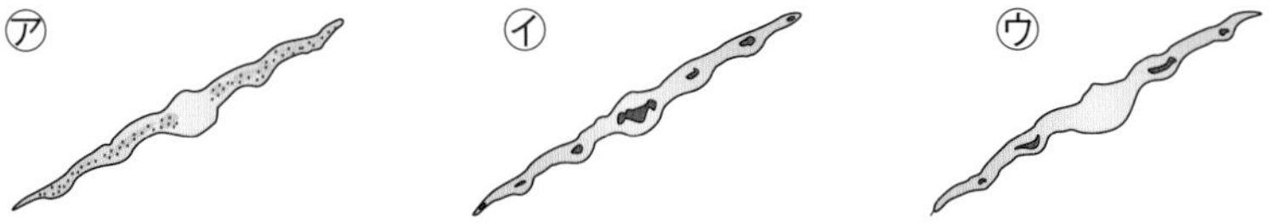

チャレンジ!

(4) 根の切り口の様子を、次の㋐～㋒から選びましょう。（　　）

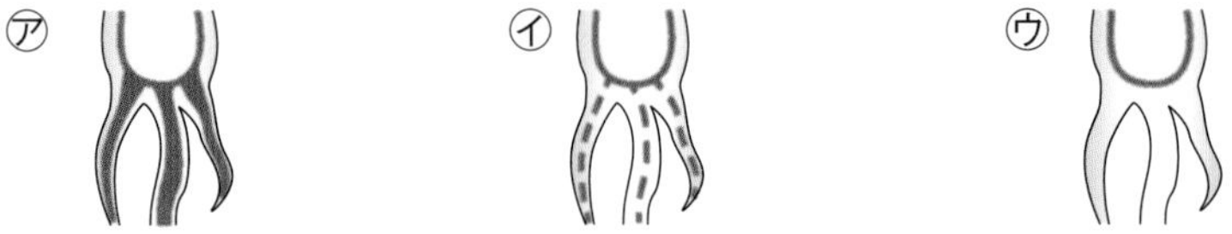

(5) この実験で、赤く染まっていたところには何があると考えられますか。

（　　　　　　）

2 [植物と水] **植物の体と水の運ばれ方について、次の問いに答えましょう。** 1つ5〔30点〕

(1) 右の図の㋐～㋒の部分は、根、くき、葉のどれですか。

㋐（　　）
㋑（　　）
㋒（　　）

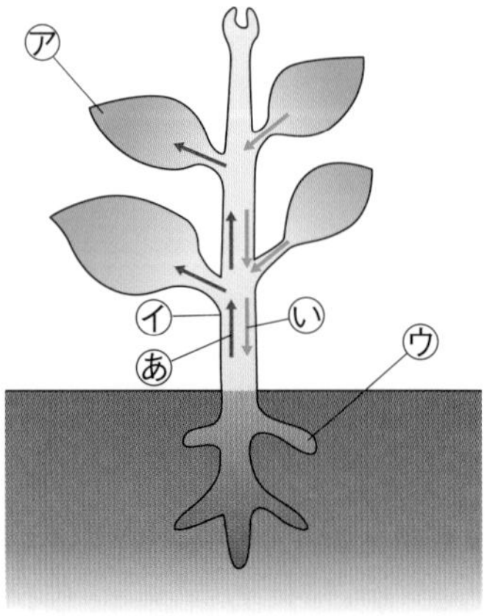

(2) 植物は、水をどこから取り入れていますか。（　　）

(3) 水が運ばれる向きは、[あ]、[い]のどちらですか。（　　）

(4) 水が通る細い管について、正しいものに○をつけましょう。

①（　　）水が通る細い管は、根とくきにはあるが、葉にはない。

②（　　）水が通る細い管は、くきと葉にはあるが、根にはない。

③（　　）水が通る細い管は、根、くき、葉にある。

3 水のゆくえ 葉を取り除いたヒメジョオンと、葉を残したヒメジョオンにポリエチレンのふくろをかぶせました。しばらくしてから、ふくろの中の様子を観察しました。あとの問いに答えましょう。

1つ5〔35点〕

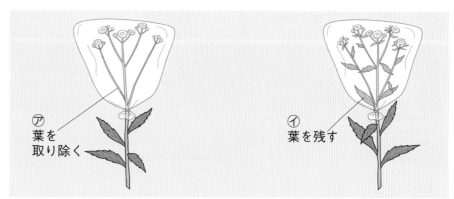

⑴ 2つのヒメジョオンを使って調べたのはなぜですか。**ア～ウ**から選びましょう。（ 　　　 ）

　　ア 出ている水の量の平均を調べるため。

　　イ 葉から水が出ているかを調べるため。

　　ウ 葉から水を取り入れているかを調べるため。

⑵ しばらくすると、㋐、㋑のふくろの中はそれぞれどのようになっていますか。「水てき」という言葉を使って答えましょう。

　　㋐（　　　　　　　　　　　　　　　　　　　　　　　　　　　　　　　　　　）

　　㋑（　　　　　　　　　　　　　　　　　　　　　　　　　　　　　　　　　　）

⑶ 水は、植物の体のどのつくりから多く出ていることがわかりますか。　（ 　　　 ）

⑷ 植物が取り入れた水のゆくえについて、次の文の（　）にあてはまる言葉を書きましょう。

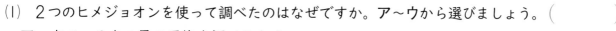

　　植物が①（　　　　　　　　）から取り入れた水は、②（　　　　　　　　）の中の細い管を通って③（　　　　　　　　）に運ばれ、体の外に出される。

4 水のゆくえ 右の写真は、植物の葉の裏側の表面をけんび鏡を使って観察したものです。次の問いに答えましょう。

1つ4〔20点〕

⑴ けんび鏡は、どのような場所で使いますか。

　　次の**ア～ウ**から選びましょう。 　（ 　　　 ）

　　ア 直接日光が当たる、明るいところ。

　　イ 直接日光が当たらない、明るいところ。

　　ウ 直接日光が当たらない、暗いところ。

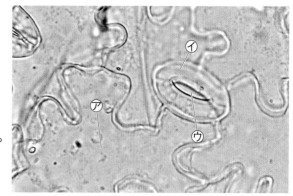

⑵ 水はどこから植物の体の外に出ていきますか。

　　図の㋐～㋒から選びましょう。 　（ 　　　 ）

⑶ 水が出ていく⑵は、1枚の葉の裏側の表面にどのくらいありますか。次の**ア～ウ**から選びましょう。 　（ 　　　 ）

　　ア 1個しかない。

　　イ 5個くらいある。

　　ウ たくさんある。

⑷ 水は、何になって⑵から体の外に出ていきますか。 　（ 　　　 ）

⑸ 水が⑷になって植物の体の外に出ていく現象を何といいますか。 （ 　　　 ）

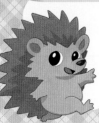

勉強した日　　月　　日

2　植物とでんぷん
基本のワーク

学習の目標
植物の葉に日光が当たるとでんぷんができることを理解しよう。

教科書　59～63ページ　　答え　8ページ

図を見て、あとの問いに答えましょう。

1　葉のでんぷんを調べる

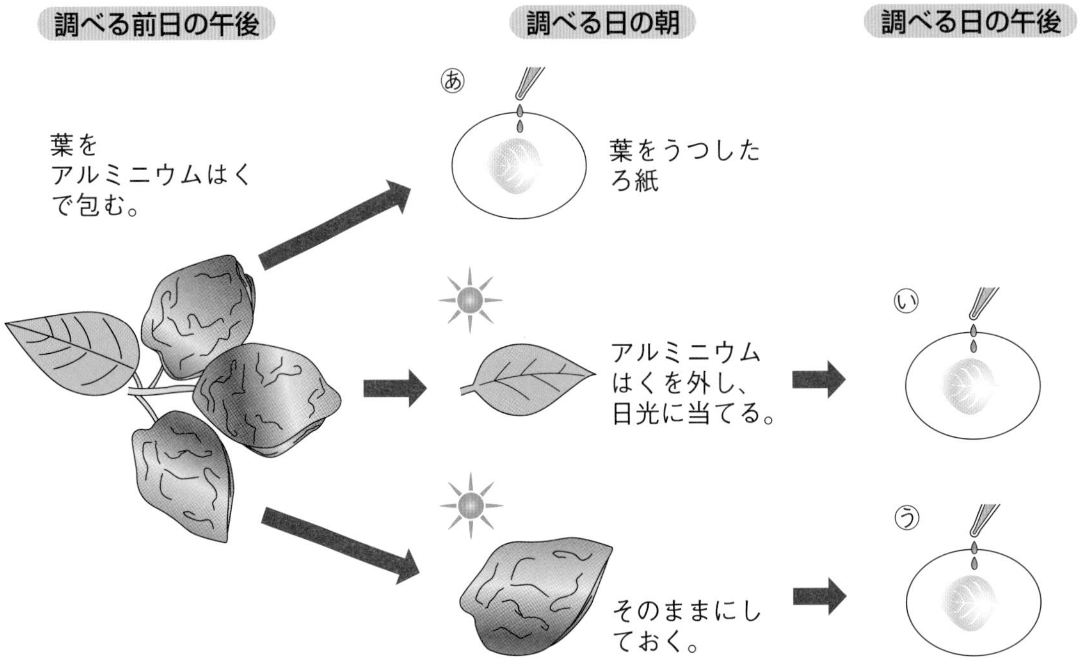

調べる前日の午後
調べる日の朝
調べる日の午後
[あ]
葉を
アルミニウムはくで包む。
葉をうつしたろ紙
[い]
アルミニウムはくを外し、日光に当てる。
[う]
そのままにしておく。

	ヨウ素液をかける	でんぷんがあるか
[あ]	①	④
[い]	②	⑤
[う]	③	⑥

植物に
⑦［　　　］が当たると、
⑧［　　　］が
つくられる。

(1)　[あ]～[う]にヨウ素液をかけると、色が変わりますか。表の①～③の［　］に書きましょう。
(2)　(1)の結果から、[あ]～[う]にでんぷんがありますか。表の④～⑥の［　］に書きましょう。
(3)　⑦、⑧の［　］にあてはまる言葉を書きましょう。

まとめ　〔 ヨウ素液　でんぷん　日光 〕から選んで（　）に書きましょう。
- 葉にでんぷんがあると①（　　　　）をかけたときに色が変わる。
- ②（　　　　）が当たると、植物は③（　　　　）をつくる。

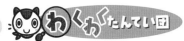

わくわくたんてい団
植物によって、でんぷんをつくるのに最適な温度、日光や二酸化炭素の量がちがいます。温室では、おいしい野菜や果物がたくさんできるように、これらを調節しながら育てます。

練習のワーク

① 図1のようにして、植物と日光の関わりを調べました。あとの問いに答えましょう。

図1

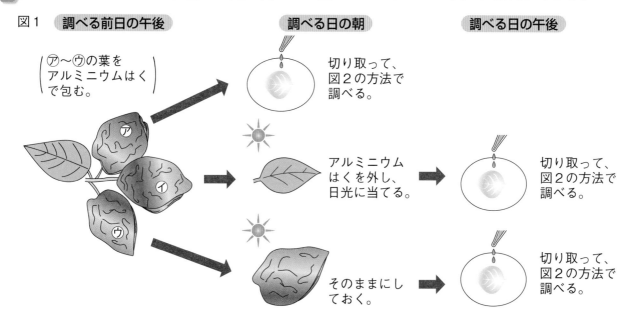

調べる前日の午後　　　調べる日の朝　　　調べる日の午後

㋐〜㋒の葉を
アルミニウムはく
で包む。

切り取って、
図2の方法で
調べる。

アルミニウム
はくを外し、
日光に当てる。

切り取って、
図2の方法で
調べる。

そのままにし
ておく。

切り取って、
図2の方法で
調べる。

(1) 調べる前日の午後に、図1の㋐〜㋒のように
葉をアルミニウムはくで包むのはなぜですか。
次の**ア〜ウ**から選びましょう。　（　　　）
ア 葉に空気がふれないようにするため。
イ 葉に日光が当たらないようにするため。
ウ 葉に雨が当たらないようにするため。

(2) 調べる日の朝、㋐の葉を切り取り、でんぷん
があるかどうかを調べました。㋐の葉にでんぷ
んはありますか。　　　　（　　　　）

(3) 午後に㋑、㋒の葉を切り取り、図2のように
して、葉にでんぷんがあるかどうかを調べまし
た。最初に葉を湯の中に入れるのはなぜですか。
次の**ア〜ウ**から選びましょう。　（　　　）
ア 葉の色をぬくため。
イ 葉をやわらかくするため。
ウ 葉の水分をぬくため。

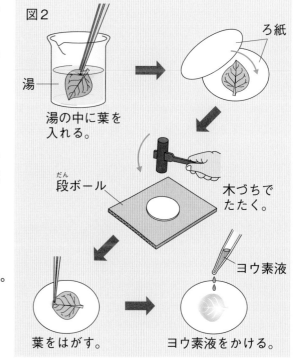

図2

湯

湯の中に葉を
入れる。

ろ紙

だん
段ボール

木づちで
たたく。

ヨウ素液

葉をはがす。

ヨウ素液をかける。

(4) ろ紙に葉をはさんで木づちでたたいたあと、ろ紙についた葉をはがし、ろ紙にヨウ素液を
かけました。㋑、㋒の葉をうつしたろ紙はどのようになりますか。それぞれ次の**ア、イ**から
選びましょう。　　　　　　　　　　　　　　　㋑（　　　）　㋒（　　　）
ア 葉の形に色が変わる。　　　**イ** 色が変わらない。

(5) (4)で色が変わった部分には、何がありますか。　　　　　　　　（　　　　　　）

(6) (5)がつくられるには葉に何が当たることが必要だとわかりますか。　（　　　　　　）

3 植物と気体

基本のワーク

学習の目標
日光が当たっている植物の気体のやりとりを理解しよう。

教科書　64〜69ページ　　答え　9ページ

図を見て、あとの問いに答えましょう。

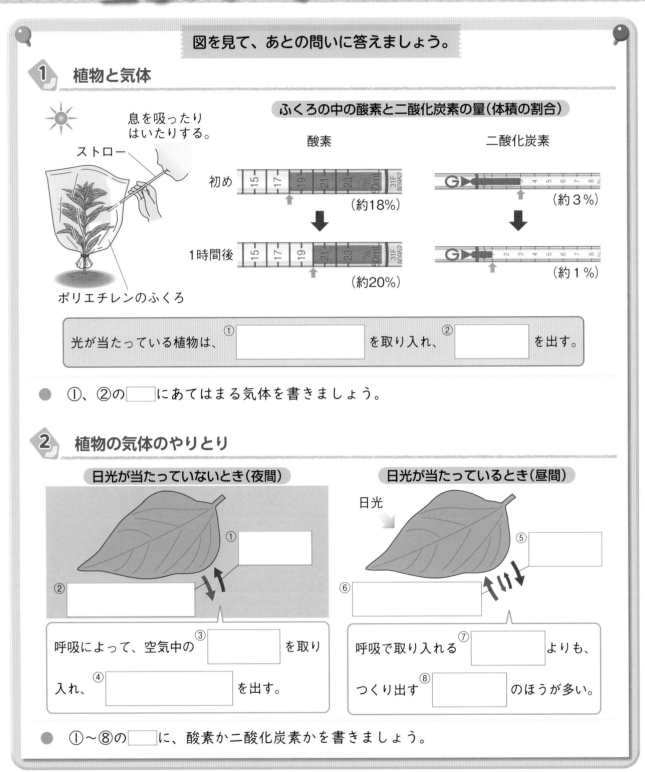

1　植物と気体

息を吸ったりはいたりする。

ストロー

ポリエチレンのふくろ

ふくろの中の酸素と二酸化炭素の量（体積の割合）

酸素

二酸化炭素

初め　（約18％）　（約3％）

1時間後　（約20％）　（約1％）

光が当たっている植物は、①□□□□を取り入れ、②□□□□を出す。

● ①、②の□□にあてはまる気体を書きましょう。

2　植物の気体のやりとり

日光が当たっていないとき（夜間）

①□□□□
②□□□□

呼吸によって、空気中の③□□□□を取り入れ、④□□□□を出す。

日光が当たっているとき（昼間）

日光

⑤□□□□
⑥□□□□

呼吸で取り入れる⑦□□□□よりも、つくり出す⑧□□□□のほうが多い。

● ①〜⑧の□□に、酸素か二酸化炭素かを書きましょう。

まとめ　〔 酸素　二酸化炭素　呼吸 〕から選んで（ ）に書きましょう。
● 日光が当たると植物は、①（　　　　）を取り入れ、②（　　　　）を出す。
● 植物も、動物と同じように③（　　　　）をしている。

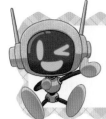

練習のワーク

できた数　/12問中

教科書　64〜69ページ　答え　9ページ

1 植物の気体のやりとりについて、次の手順で実験を行いました。あとの問いに答えましょう。

〈手順１〉晴れた日の朝、植物にポリエチレンのふくろをかぶせて、図１のようにストローで息をふきこんだ。

〈手順２〉気体検知管を使い、ふくろの中の酸素や二酸化炭素の体積の割合を調べた。

〈手順３〉１時間後、もう一度ふくろの中の酸素や二酸化炭素の体積の割合を調べた。

図１

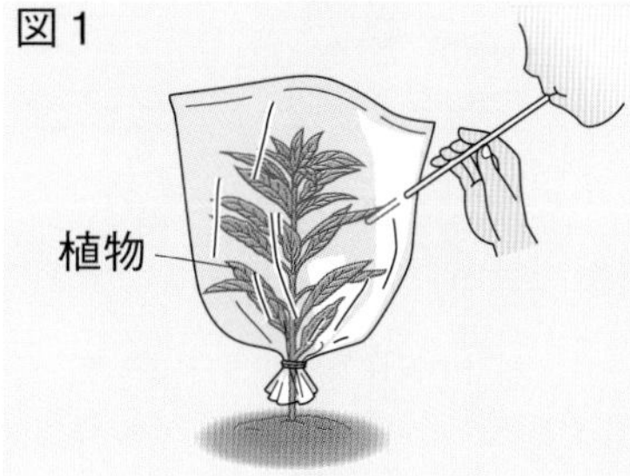

図２

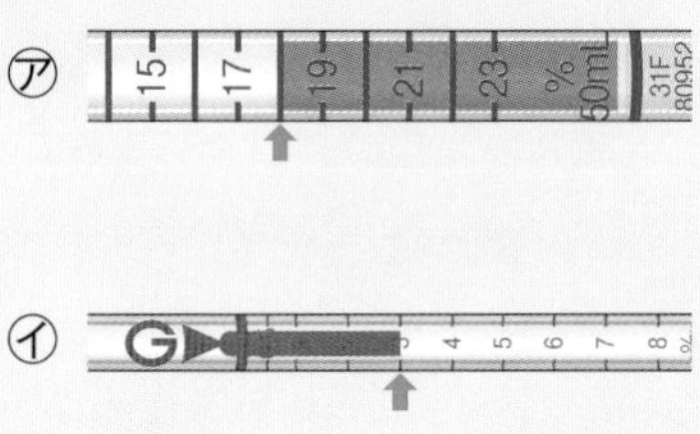

図３

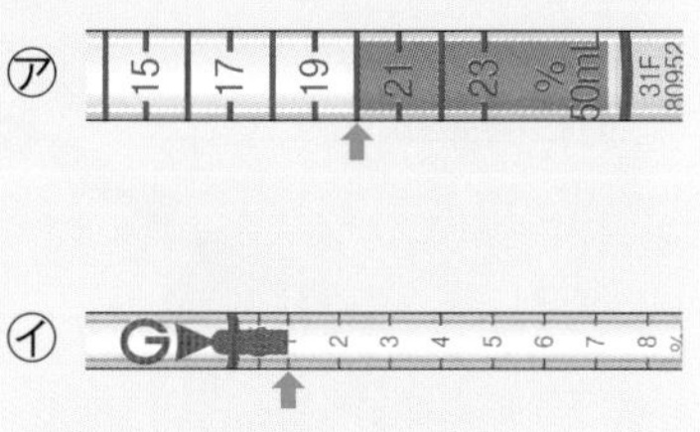

(1)　手順１で息をふきこむのは、ふくろの中に何という気体の体積の割合を増やすためですか。
（　　　　　）

(2)　図２、図３の㋐、㋑は、それぞれ二酸化炭素と酸素のどちらの気体を調べた結果ですか。
㋐（　　　　　）　㋑（　　　　　）

(3)　１時間後のふくろの中を調べた結果を表しているのは、図２、図３のどちらですか。
（　　　　　）

(4)　この実験からわかることについて、（　）にあてはまる言葉を書きましょう。

植物に①（　　　　　）が当たると、空気中の②（　　　　　）を取り入れて、③（　　　　　）を出すことがわかる。

2 右の図は、植物が生きていくための体の仕組みを表したものです。次の問いに答えましょう。

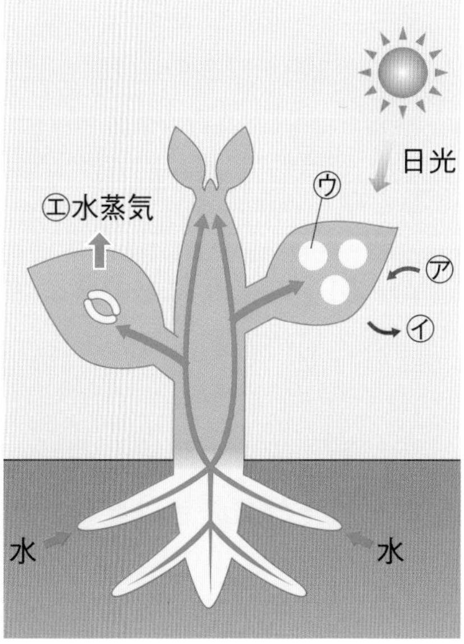

(1)　植物に日光が当たると取り入れられる㋐の気体は何ですか。
（　　　　　）

(2)　植物に日光が当たると出される㋑の気体は何ですか。
（　　　　　）

(3)　植物に日光が当たるとつくられる㋒の養分は何ですか。
（　　　　　）

(4)　㋓のように、植物が取り入れた水が、水蒸気となって体の外に出ていく現象を何といいますか。
（　　　　　）

(5)　植物も動物と同じように、いつも呼吸をしています。植物に日光が当たっているときの酸素について、正しいものを次のア、イから選びましょう。（　　　）

ア　取り入れる酸素の量よりも、つくり出す酸素の量のほうが多い。

イ　取り入れる酸素の量よりも、つくり出す酸素の量のほうが少ない。

まとめのテスト②

勉強した日　月　日

時間20分　得点　/100点

3　植物の体

教科書 59～69ページ　答え 9ページ

よく出る **1** [植物の葉と日光] 植物の葉と日光の関わりを調べるために、次の図のような実験を行いました。あとの問いに答えましょう。

1つ5〔40点〕

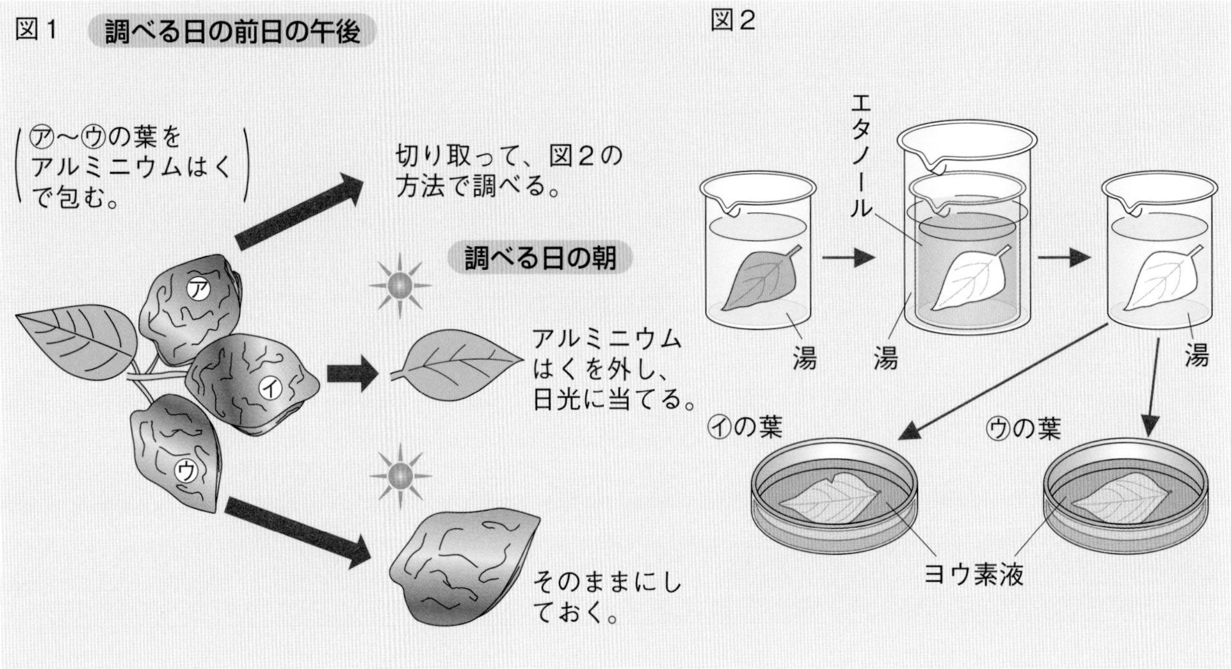

図1　調べる日の前日の午後
（㋐～㋒の葉をアルミニウムはくで包む。）
切り取って、図2の方法で調べる。
調べる日の朝
㋐
㋑
㋒
アルミニウムはくを外し、日光に当てる。
そのままにしておく。
図2
エタノール
湯
湯
湯
㋑の葉
㋒の葉
ヨウ素液

(1)　調べる日の前日の午後に、葉をアルミニウムはくで包むのはなぜですか。次のア～ウから選びましょう。（　　）

ア　葉に空気がふれないようにするため。

イ　葉に日光が当たらないようにするため。

ウ　葉に水をあたえないようにするため。

(2)　㋐の葉を切り取るのは、いつがよいですか。次のア、イから選びましょう。（　　）

ア　調べる日の朝

イ　調べる日の夕方

(3)　㋐の葉を切り取り、でんぷんがあるかどうかを調べました。㋐の葉にでんぷんはありますか。（　　）

記述 (4)　図2のようにして葉にでんぷんがあるかどうかを調べました。葉をエタノールにつけたのは、何のためですか。

（　　）

(5)　調べる日の午後、㋑、㋒の葉を切り取り、図2のようにして葉をヨウ素液にひたしました。それぞれ葉の色は変わりますか。

㋑（　　）㋒（　　）

(6)　(5)からでんぷんがある葉は、㋑、㋒のどちらですか。（　　）

記述 (7)　この実験から、何がわかりますか。「日光」、「でんぷん」という言葉を使って答えましょう。

（　　）

2 **でんぷんを調べる方法** 右の図は、葉にでんぷんがあるかどうかを調べる方法について表したものです。次の問いに答えましょう。　1つ5〔25点〕

⑴　葉を湯の中に入れるのはなぜですか。次のア～ウから選びましょう。　(　　　)

ア　葉の色をぬくため。

イ　葉をかたくするため。

ウ　葉をやわらかくするため。

⑵　葉をはさんだ㋐の紙を、何といいますか。

(　　　　)

⑶　でんぷんを調べるために使う、㋑の液を何といいますか。　(　　　　)

⑷　でんぷんがあるとき、㋑をかけた葉の色は変わりますか。

(　　　　)

⑸　でんぷんがないとき、㋑をかけた葉の色は変わりますか。

(　　　　)

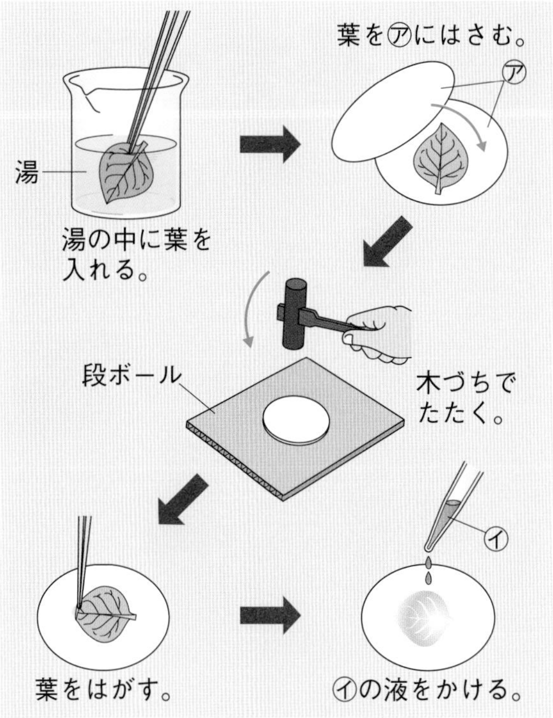
湯
湯の中に葉を入れる。
葉を㋐にはさむ。
㋐
段ボール
木づちでたたく。
㋑
葉をはがす。
㋑の液をかける。

3 **植物と空気** 晴れた日の朝、植物の葉にふくろをかぶせ、図1のように息をふきこみ、ふくろの中の気体の体積の割合を調べました。2時間後にもう一度ふくろの中の気体の体積の割合を調べました。図2は、その結果です。あとの問いに答えましょう。　1つ7〔35点〕

図1

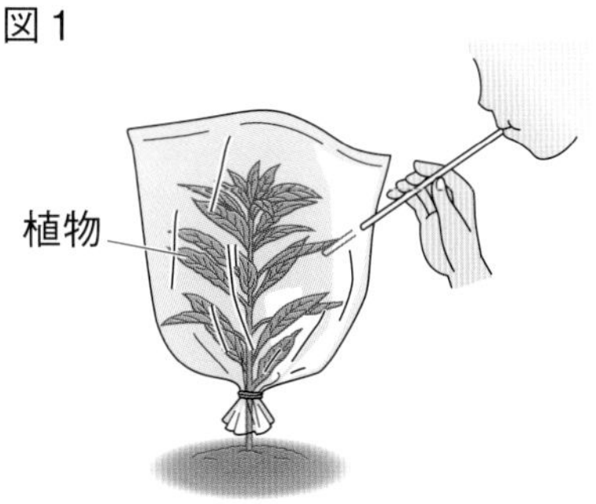
植物

図2

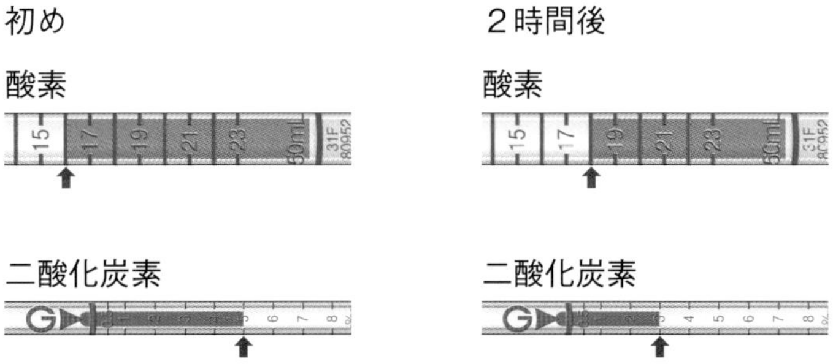
初め
2時間後
酸素
二酸化炭素

⑴　2時間後、ふくろの中の二酸化炭素の体積の割合は、どのようになりましたか。

(　　　　)

⑵　2時間後、ふくろの中の酸素の体積の割合は、どのようになりましたか。

(　　　　)

[記述] ⑶　この実験から、日光が当たっている植物が何を取り入れ、何を出していることがわかりますか。

(　　　　)

[チャレンジ!] ⑷　植物が出し入れする気体について、次の文の(　)にあてはまる言葉を書きましょう。

植物も動物と同じで、つねに呼吸をして酸素を取り入れ、二酸化炭素を出している。日光が当たっているときは、取り入れる酸素の量よりもつくり出す酸素の量のほうが①(　　　)いので、全体としてみると、②(　　　　)を出していることになる。

学習の目標・
生き物どうしの食べることを通した関わりについて理解しよう。

1 生き物と食べ物

基本のワーク

教科書 72～80ページ 答え 10ページ

図を見て、あとの問いに答えましょう。

1 食べる・食べられるという関係

 バッタ

ヘビ

ワシ

イネ

 カエル

イタチ

> 食べ物のもとをたどると、①(植物 動物)に行きつく。
>
> 食べる・食べられるという関係のひとつながりを②[   ]という。

(1) 図の生き物を、食べられるものから食べるものに→をかいてつなげましょう。

(2) ①の( )のうち、正しいほうを◯で囲みましょう。

(3) ②の□にあてはまる言葉を書きましょう。

2 メダカの食べ物

①[   ] ②[   ] ③[   ] ④[   ]

> メダカは、水の中の小さい生き物を⑤(食べている 食べていない)。

(1) ①～④の□にあてはまる生き物の名前を、下の〔 〕から選んで書きましょう。

〔 アオミドロ   ボルボックス   ミジンコ   ミカヅキモ 〕

(2) ⑤の( )のうち、正しいほうを◯で囲みましょう。

まとめ 〔 水の中 食物連鎖 〕から選んで( )に書きましょう。

● 生き物の食べる・食べられるという関係のひとつながりのことを①(   )という。

● メダカと②(   )の小さい生き物は、食べる・食べられるという関係にある。

  植物だけを食べる動物を草食動物、動物だけを食べる動物を肉食動物といいます。自然の中では、植物の数量が最も多く、次に草食動物、肉食動物の順に少なくなっていきます。

練習のワーク

教科書 72〜80ページ　答え 10ページ

1 食べ物を通した生き物どうしの関係について、次の問いに答えましょう。

(1) カエルは何を食べますか。ア〜エから選びましょう。　（　　　　）

　ア　イネ
　イ　ヘビ
　ウ　バッタ
　エ　イタチ

ヘビ　イネ　バッタ　カエル　イタチ

作図 (2) 図のイネ、ヘビ、バッタ、カエル、イタチの食べる・食べられるという関係のひとつながりを、矢印で表すとどうなりますか。食べられる生き物から食べる生き物へと→をかきましょう。

(3) (2)のように、生き物どうしは食べる・食べられるという関係でつながっています。この関係のひとつながりを何といいますか。　（　　　　　　　）

(4) 食べ物のもとをたどっていくと、動物、植物のどちらに行きつきますか。

（　　　　　　　）

2 次の㋐〜㋒の写真は、池や小川にすむ小さい生き物です。あとの問いに答えましょう。ただし、（　）の数字は、けんび鏡などで観察したときの倍率を示しています。

㋐
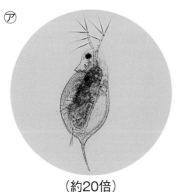
（約20倍）

㋑

（約80倍）

㋒
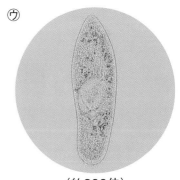
（約200倍）

(1) ㋐〜㋒の生き物の名前は何ですか。下の〔　〕から選んで書きましょう。

㋐（　　　　　　）　㋑（　　　　　　）　㋒（　　　　　　）

〔　ゾウリムシ　ミジンコ　ミカヅキモ　〕

(2) 実際の大きさがいちばん大きい生き物はどれですか。㋐〜㋒から選びましょう。

（　　　　　　）

(3) これらの生き物を、飼っているメダカにあたえました。メダカはこれらの生き物を食べますか。　（　　　　　　）

(4) 池や小川にすむメダカや水の中の小さい生き物どうしは、食べる・食べられるという関係でつながっていますか。　（　　　　　　）

学習の目標・
生き物と水や空気との
関わりについて理解し
よう。

2 生き物と空気・水

基本のワーク

教科書 81～87ページ 答え 11ページ

図を見て、あとの問いに答えましょう。

1 生き物の空気を通した関わり

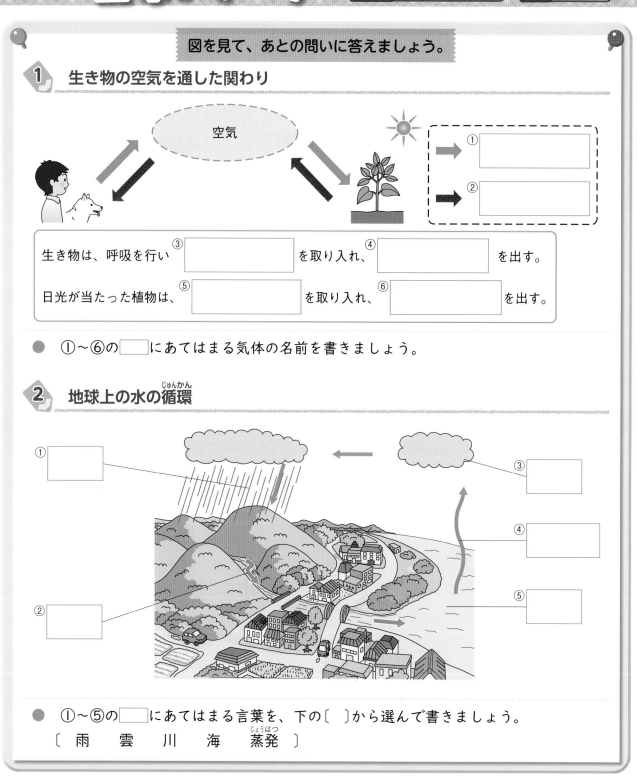

空気

① [　　　　]
② [　　　　]

生き物は、呼吸を行い ③[　　　　] を取り入れ、④[　　　　] を出す。

日光が当たった植物は、⑤[　　　　] を取り入れ、⑥[　　　　] を出す。

● ①～⑥の [　] にあてはまる気体の名前を書きましょう。

2 地球上の水の循環

① [　　　　]
② [　　　　]
③ [　　　　]
④ [　　　　]
⑤ [　　　　]

● ①～⑤の [　] にあてはまる言葉を、下の〔　〕から選んで書きましょう。

〔 雨　雲　川　海　蒸発 〕

まとめ 〔 酸素　二酸化炭素　循環 〕から選んで（　）に書きましょう。

● 植物は日光が当たると、①（　　　　）を取り入れ、②（　　　　）を出す。

● 水は、さまざまな姿で地球上を③（　　　　）している。

わくわくたんてい団 空気中の水蒸気は、1年で何度も入れかわります。海から蒸発して雲になり、雨や雪となってまた海にもどるまで、平均で9～10日かかると考えられています。

練習のワーク

できた数

／9問中

1 空気や水と生き物の関わりについて、あとの問いに答えましょう。

⑦　　　　　　　　　　⑦　　　　　　　　　　⑦

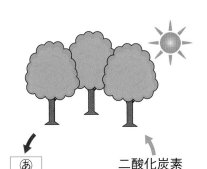

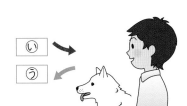

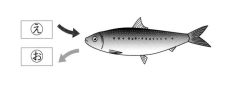

あ　　　二酸化炭素

(1)　⑦は、日光が当たったときの植物と空気の関わりを表したものです。あにあてはまる気体を、次のア〜ウから選びましょう。　　　　　　　　　　　　　　　　　　　　（　　　　　）

　　ア　酸素　　　　イ　ちっ素　　　　ウ　水蒸気

(2)　⑦で、人や他の動物が呼吸によって空気中から取り入れている、いの気体は何ですか。

（　　　　　　　　）

(3)　⑦で、人や他の動物が呼吸によって空気中に出している、うの気体は何ですか。

（　　　　　　　　）

(4)　⑦で、魚はえらで水中のえを取り入れ、水中におを出しています。このやりとりは、空気中の⑦、⑦のどちらのやりとりと同じですか。　　　　　　　　　　　　　　（　　　　　）

2 右の図は、地球上の水の循環を表しています。次の問いに答えましょう。

(1)　水が蒸発している様子を表しているものはどれですか。図の⑦〜⑦から選びましょう。

（　　　　　）

(2)　水は蒸発すると、気体の何という姿に変わりますか。

（　　　　　）

(3)　蒸発した水はどのような姿で、地上にもどってきますか。

（　　　　　）

(4)　図では、地上にもどった水は、どこを通って海に行きますか。

（　　　　　）

(5)　人などの動物や植物は、循環する水を取り入れていますか。

（　　　　　　　　）

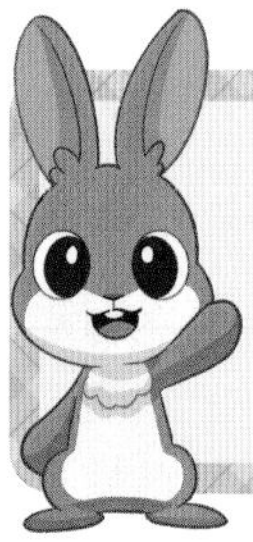

まとめのテスト

勉強した日　　月　　日

4　生き物と食べ物・空気・水

時間 20分

得点　　　/100点

教科書 72~87ページ　答え 11ページ

1 **食べ物のもと** 次の図はカレーライスの材料のもとについて表したものです。あとの問いに答えましょう。　1つ4〔16点〕

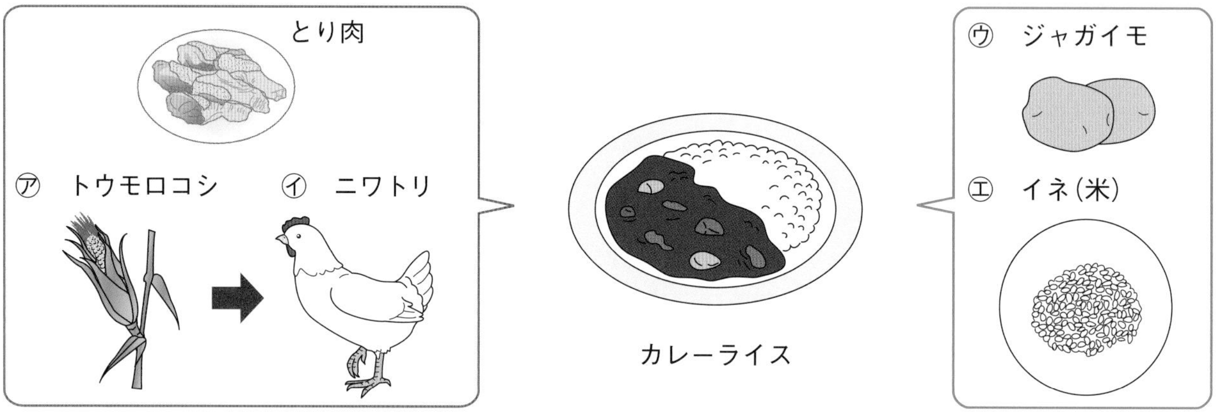

とり肉
㋐ トウモロコシ
㋑ ニワトリ
カレーライス
㋒ ジャガイモ
㋓ イネ(米)

(1) 図の㋐~㋓のうち、動物はどれですか。すべて選び、記号で答えましょう。　(　　　　)

(2) 図の㋐~㋓のうち、植物はどれですか。すべて選び、記号で答えましょう。　(　　　　)

(3) ニワトリは、動物と植物のうち、どちらを食べていますか。　(　　　　)

(4) 人の食べ物のもとをたどると、何に行きつきますか。　(　　　　)

2 **生き物どうしの関わり** 食べ物を通した、生き物の関わりについて、あとの問いに答えましょう。　1つ5点〔20点〕

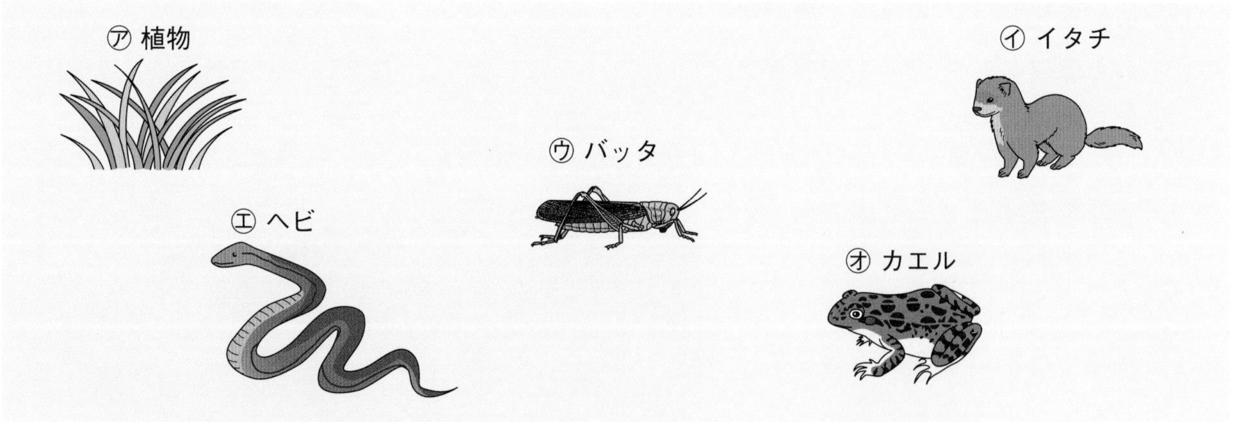

㋐ 植物
㋑ イタチ
㋒ バッタ
㋓ ヘビ
㋔ カエル

(1) バッタは何を食べますか。図の㋐~㋔から選び、記号で答えましょう。　(　　　　)

(2) ヘビは何に食べられますか。図の㋐~㋔から選び、記号で答えましょう。　(　　　　)

(3) 生き物どうしの、食べる・食べられるという関係のひとつながりを何といいますか。　(　　　　)

(4) 図の㋐~㋔の生き物が、食べられる生き物から食べる生き物の順になるように、記号を並べましょう。　(　　→　　→　　→　　→　　)

3 水の中の小さい生き物　池や川で見られる小さい生き物について、あとの問いに答えましょう。

1つ4〔24点〕

㋐
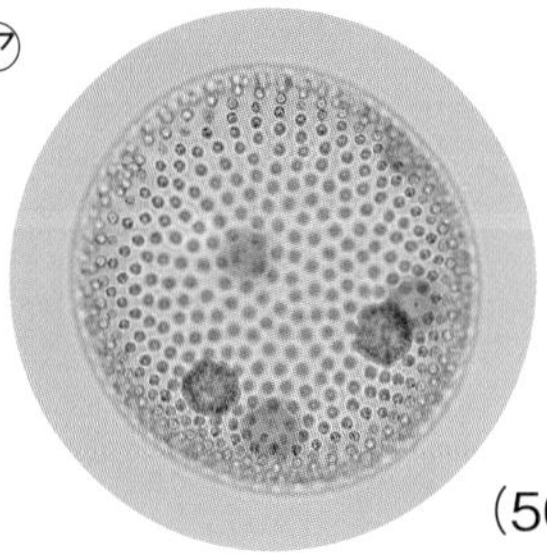
（50倍）

㋑
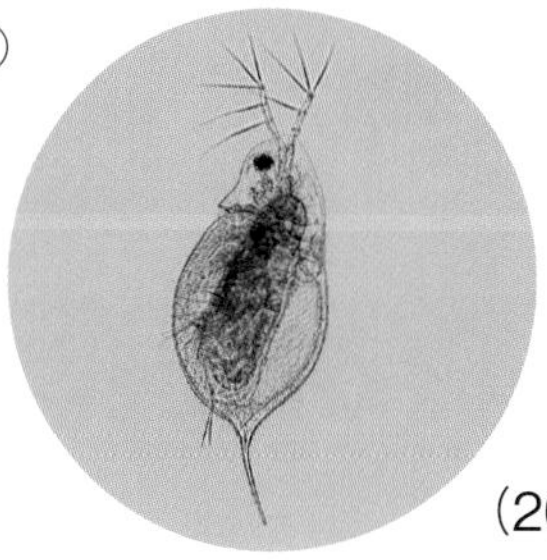
（20倍）

㋒
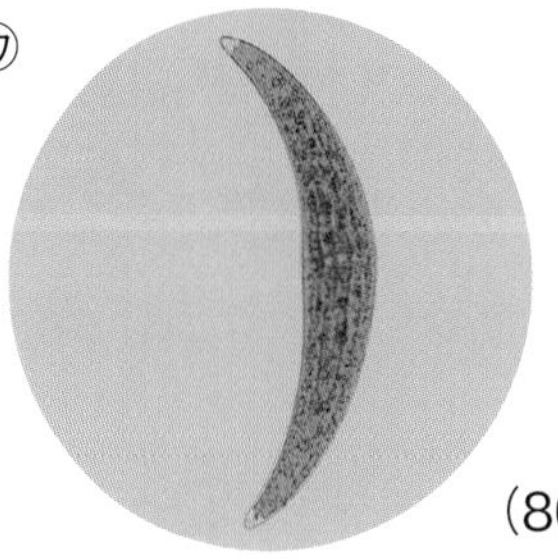
（80倍）

(1)　㋐～㋒の生き物の名前を書きましょう。

㋐（　　　　　　）　㋑（　　　　　　）　㋒（　　　　　　）

(2)　上の写真の倍率は、観察したときの倍率です。実際の大きさがもっとも小さい生き物はどれですか。㋐～㋒から選びましょう。（　　　）

(3)　メダカは、水の中の小さい生き物を食べますか。（　　　）

(4)　水の中の生き物どうしに、食べる・食べられるという関係はありますか。

（　　　）

4 生き物と空気・水　生き物と空気・水の関わりについて、あとの問いに答えましょう。

1つ4〔40点〕

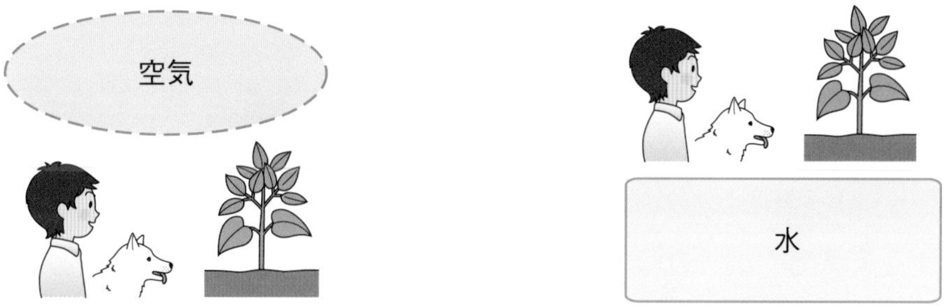

(1)　生き物と空気の関わりについて、次の文の（　）に、酸素か二酸化炭素かを書きましょう。

　動物や植物は、空気中の①（　　　　　）を取り入れ、②（　　　　　）を出す呼吸をしている。また、植物は日光が当たると、空気中の③（　　　　　）を取り入れ、④（　　　　　）を出している。

(2)　生き物と水の関わりについて、正しいものをア～ウから選びましょう。（　　　）

ア　人や植物は、生きていくために水が必要であるが、他の動物は水が必要ではない。

イ　人や他の動物、植物は生きていくために水が必要である。

ウ　人や他の動物は、生きていくために水が必要であるが、植物は水が必要ではない。

(3)　地球上をめぐる水について、次の文の（　）にあてはまる言葉を下の〔　〕から選んで書きましょう。

　海や湖などから水は①（　　　　　）し、上空で集まって②（　　　　　）になる。②は大きくなると、③（　　　　　）や雪となって地上に降（ふ）り注ぐ。

　地上に降った③や雪は、やがて④（　　　　　）や海などに流れていく。

　水は姿を⑤（　　　　　）、地球上をめぐり、さまざまな場所で人や動物、植物などに取り入れられている。

〔　蒸発　　循環　　雲　　雨　　川　　変えながら　　変えずに　〕

1 てこのはたらき①

基本のワーク

教科書 88〜94ページ　答え 12ページ

図を見て、あとの問いに答えましょう。

1 てこの仕組み

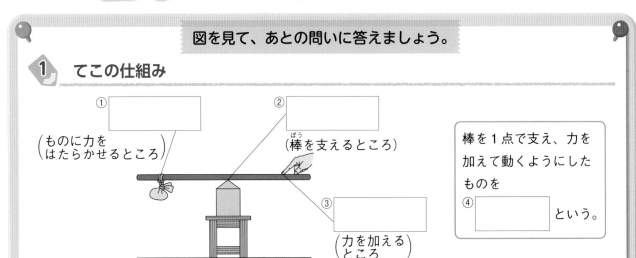

① □（ものに力をはたらかせるところ）

② □（棒を支えるところ）

③ □（力を加えるところ）

棒を1点で支え、力を加えて動くようにしたものを
④ □ という。

(1) 支点、力点、作用点はそれぞれどこですか。①〜③の □ に書きましょう。

(2) ④の □ にあてはまる言葉を書きましょう。

2 力点や作用点の位置を変える

力点の位置を変える	作用点の位置を変える
（作用点、支点の位置は変えない。）	（力点、支点の位置は変えない。）

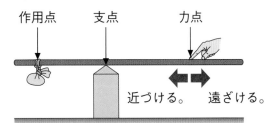

作用点　支点　力点

近づける。　遠ざける。

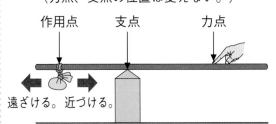

作用点　支点　力点

遠ざける。近づける。

力点の位置	手ごたえ
支点から遠ざける	①
支点に近づける	②

作用点の位置	手ごたえ
支点から遠ざける	③
支点に近づける	④

● 上の図のように、力点や作用点の位置を変えると、手ごたえは大きくなりますか、小さくなりますか。表の①〜④に書きましょう。

まとめ 〔 支点　変わる 〕から選んで（ ）に書きましょう。

● てこには、①（　　　　　　　）、力点、作用点の3点がある。

● てこの力点や作用点の位置を変えると、手ごたえは②（　　　　　　　）。

わくわくたんてい団　紀元前3世紀、アルキメデスという人は、てこの仕組みを考えていました。そして、「とても長い棒と支点があれば、地球だって動かせる」と表現した、といわれています。

教科書 88〜94ページ　答え 12ページ

1 右の図のように、砂ぶくろをつり下げる位置を変えて手ごたえを調べました。次の問いに答えましょう。

(1) あ〜うの点をそれぞれ何といいますか。

あ（　　　）
い（　　　）
う（　　　）

(2) この実験で、位置を変えない点はどれですか。あ〜うからすべて選びましょう。（　　　）

(3) 砂ぶくろをつり下げる位置を変えたところ、手ごたえが小さくなりました。㋐、㋑のどちらに動かしましたか。（　　　）

(4) この実験からわかることを、次のア〜ウから選びましょう。（　　　）

ア　作用点の位置を支点から遠ざけるほど、手ごたえは大きくなる。

イ　作用点の位置を支点に近づけるほど、手ごたえは大きくなる。

ウ　作用点の位置を変えても、手ごたえは変わらない。

2 次の図のように、力点の位置を変えて手ごたえを調べました。あとの問いに答えましょう。

力点を支点から遠ざけると、砂ぶくろを持ち上げる力はどのようになるのかな。

(1) ㋐のほうへ力点の位置を変えました。このときの手ごたえはどのようになりましたか。次のア〜ウから選びましょう。（　　　）

ア　大きくなった。　　イ　小さくなった。　　ウ　変わらなかった。

(2) ㋑のほうへ力点の位置を変えました。このときの手ごたえはどのようになりましたか。(1)のア〜ウから選びましょう。（　　　）

(3) この実験からわかることを、次のア〜ウから選びましょう。（　　　）

ア　力点の位置を支点から遠ざけるほど、手ごたえは小さくなる。

イ　力点の位置を支点に近づけるほど、手ごたえは小さくなる。

ウ　力点の位置を変えても、手ごたえは変わらない。

勉強した日　　月　　日

1 てこのはたらき②

基本のワーク

学習の目標
棒が水平になるときのきまりについて調べよう。

教科書 95～99ページ　答え 12ページ

図を見て、あとの問いに答えましょう。

1 おもりの重さや位置を変える

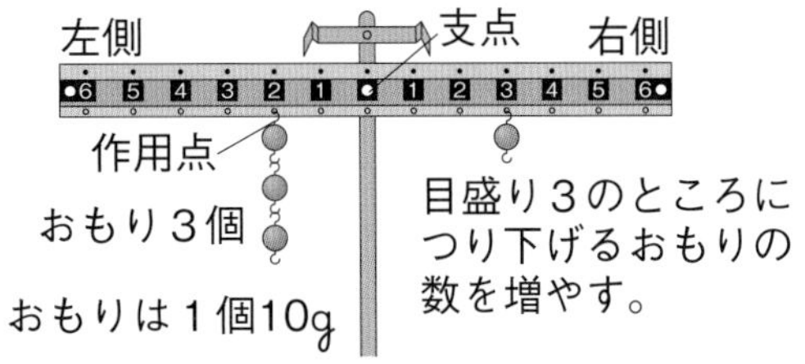

左側
支点
右側
6 5 4 3 2 1 ● 1 2 3 4 5 6
作用点
おもり３個
おもりは１個10g
目盛り３のところにつり下げるおもりの数を増やす。

作用点（左側）		力点（右側）		かたむき
おもりの重さ(g)	支点からのきょり	おもりの重さ(g)	支点からのきょり	
30	2	10	3	左
		20	3	①
		30	3	②

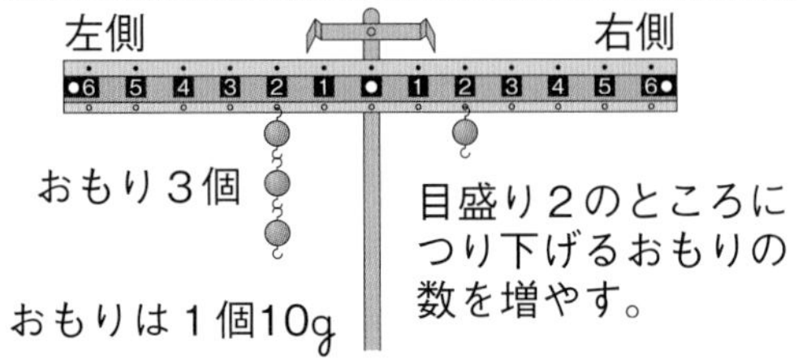

左側
右側
6 5 4 3 2 1 ● 1 2 3 4 5 6
おもり３個
おもりは１個10g
目盛り２のところにつり下げるおもりの数を増やす。

作用点（左側）		力点（右側）		かたむき
おもりの重さ(g)	支点からのきょり	おもりの重さ(g)	支点からのきょり	
30	2	10	2	③
		20	2	④
		30	2	⑤

棒が水平になった場合

作用点（左側）		力点（右側）	
おもりの重さ(g)	支点からのきょり	おもりの重さ(g)	支点からのきょり
20	3	20	3
		30	2
		60	1

支点から力点までのきょりが２倍、３倍になると、おもりの重さは⑥□倍、⑦□倍、になる。

左側のおもりの⑧□ × 支点からのきょり ＝ 右側のおもりの重さ × 支点からの⑨□

(1) つり下げるおもりの数を変えたとき、棒のかたむきはどうなりますか。
〔 水平　　左　　右 〕から選んで、表の①～⑤に書きましょう。

(2) てこを使ってものを持ち上げるときのきまりについて、⑥、⑦の□にあてはまる分数を書きましょう。

(3) てこが水平につりあうときのきまりについて、⑧、⑨の□にあてはまる言葉を書きましょう。

まとめ　〔 支点からのきょり　水平につりあう 〕から選んで（　）に書きましょう。

●てこを使ってものを持ち上げるとき、おもりの重さ×①（　　　　　　）が棒の左右で等しいと、棒は②（　　　　　　）。

わくわくたんてい団　滑車（かっしゃ）というものを使っても、重いものを小さい力で持ち上げることができます。滑車には、定滑車（ていかっしゃ）と動滑車（どうかっしゃ）という２つの種類があります。

練習のワーク

教科書 95～99ページ　答え 12ページ

できた数 /14問中

1 **右の図のように、実験用てこの左側の目盛り４のところにおもりを１個つり下げて、てこを水平につりあわせる実験をしました。次の問いに答えましょう。**

(1) 棒の中央にある、㋐の部分を何といいますか。
（　　　　）

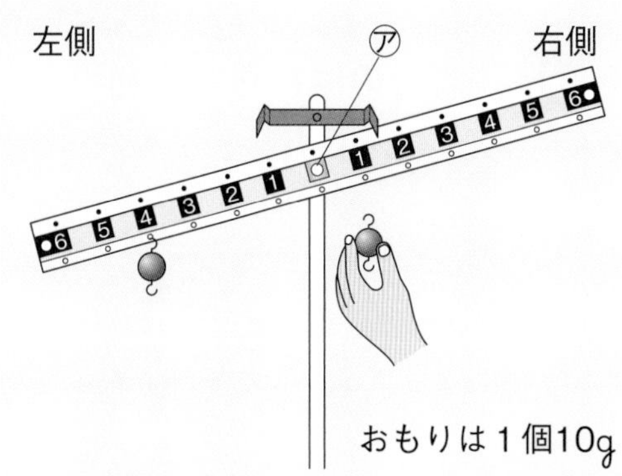

左側
㋐
右側
おもりは１個10g

(2) 次の①～⑥の位置に同じおもりを１個つり下げたとき、棒のかたむきはどのようになりますか。左側にかたむく場合は左、右側にかたむく場合は右、水平につりあう場合は水平と答えましょう。

① 右側の目盛り１ （　　　　）
② 右側の目盛り２ （　　　　）
③ 右側の目盛り３ （　　　　）
④ 右側の目盛り４ （　　　　）
⑤ 右側の目盛り５ （　　　　）
⑥ 右側の目盛り６ （　　　　）

同じ重さのおもりの場合、どのようにつり下げると水平になるのかな？

2 **実験用てこと、同じ重さのおもりをいくつか使い、てこを使ってものを持ち上げるときのきまりを調べました。表は、その結果です。あとの問いに答えましょう。**

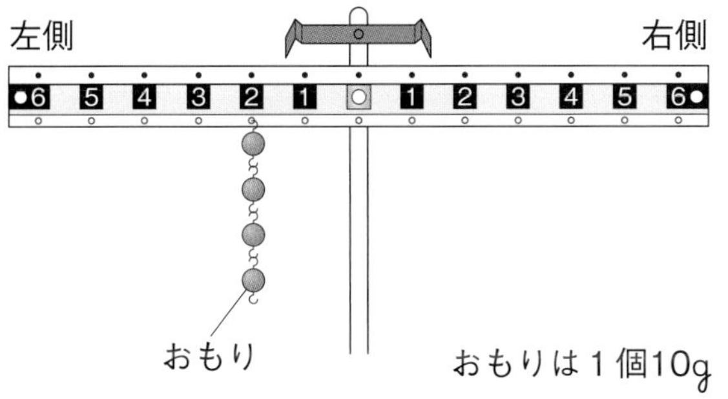

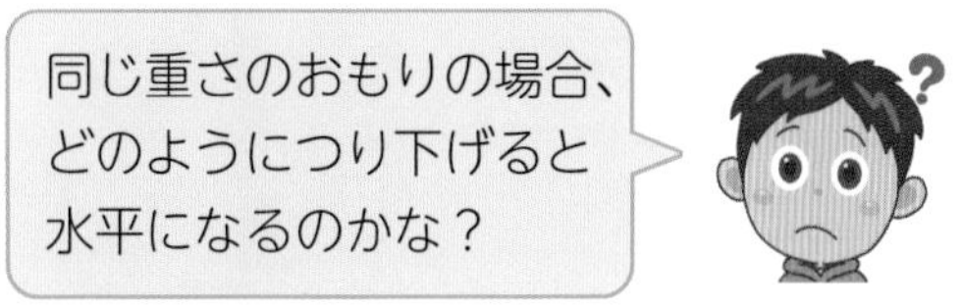

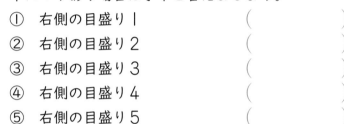

左側
右側
おもり
おもりは１個10g

てこのきまり

左側		右側		かたむき
おもりの重さ(g)	支点からのきょり	おもりの重さ(g)	支点からのきょり	
40	2	20	1	左
		20	2	左
		20	3	㋐
		20	4	㋑
		20	5	㋒
		20	6	右

(1) ㋐～㋒には、それぞれ左、右、水平のどれがあてはまりますか。
㋐（　　　　）　㋑（　　　　）　㋒（　　　　）

(2) てこが水平につりあっているとき、左右のうでで、何が等しくなっていますか。次の（　）にあてはまる言葉を書きましょう。
（　　　　　　）×（　　　　　　）

(3) 上の図のとき、てこを水平にするためには、右側の目盛り１のところに何gのおもりをつり下げるとよいですか。 （　　　　）

(4) 左側につり下げるおもりの重さを半分にしたときに、てこが水平につりあうためには右側のどの目盛りに20gのおもりをつり下げるとよいですか。 （　　　　）

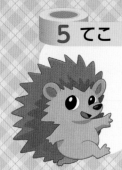

勉強した日　月　日

2 身のまわりのてこ

基本のワーク

学習の目標
てこのはたらきを利用した身のまわりの道具を調べよう。

教科書 100～105ページ　答え 12ページ

図を見て、あとの問いに答えましょう。

1 てこのはたらきの利用

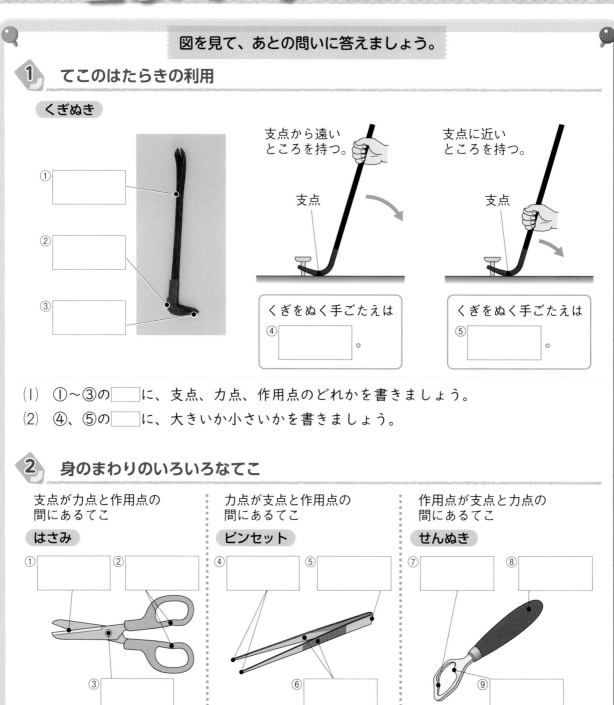

[くぎぬき]

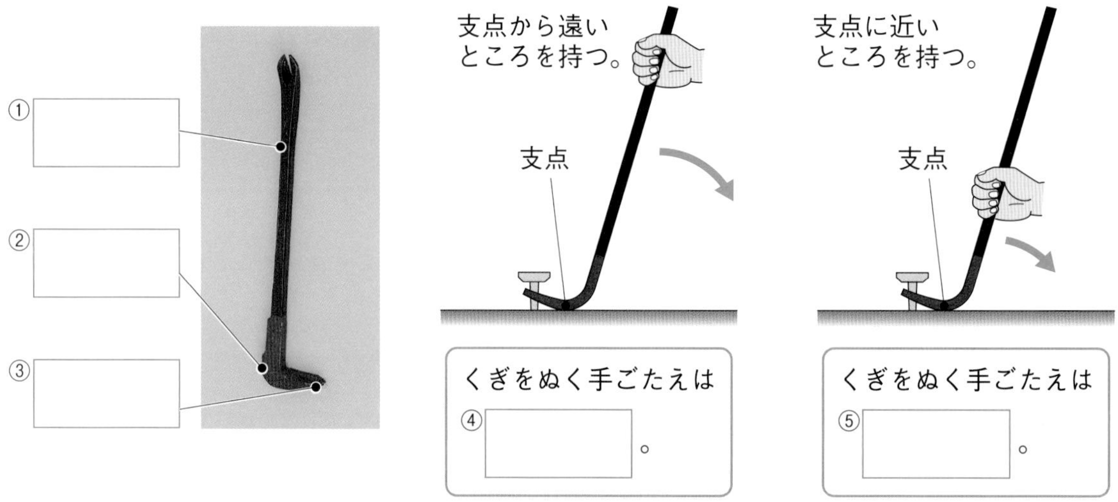
①
②
③
支点から遠いところを持つ。
支点
支点に近いところを持つ。
支点

くぎをぬく手ごたえは ④□。

くぎをぬく手ごたえは ⑤□。

(1) ①～③の□に、支点、力点、作用点のどれかを書きましょう。

(2) ④、⑤の□に、大きいか小さいかを書きましょう。

2 身のまわりのいろいろなてこ

支点が力点と作用点の間にあるてこ
[はさみ]

力点が支点と作用点の間にあるてこ
[ピンセット]

作用点が支点と力点の間にあるてこ
[せんぬき]

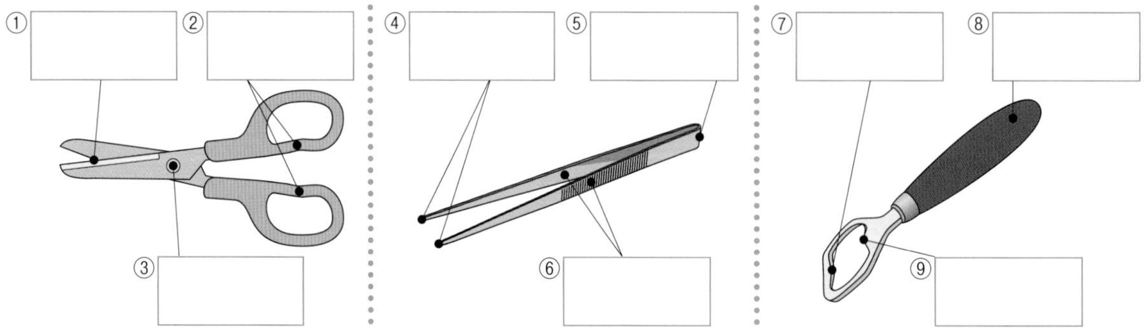
①
②
③
④
⑤
⑥
⑦
⑧
⑨

● ①～⑨の□に、支点、力点、作用点のどれかを書きましょう。

まとめ 〔 支点　てこ 〕から選んで(　)に書きましょう。

● 身のまわりには、①(　　　　)のはたらきを利用した道具がある。

● くぎぬきは、②(　　　　)から力点を遠ざけて持つと手ごたえを小さくできる。

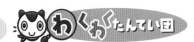

わくわくたんてい団
クレーンも、てこを利用して持ち上げています。ほかにも、ピアノが音を出す仕組みや、はしで食べ物をとる仕組みも、てこです。体では、あごなどもてこになっています。

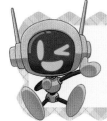

練習のワーク

できた数 /11問中

教科書 100〜105ページ 答え 12ページ

1 下の図は、てこのはたらきを利用した道具です。次の問いに答えましょう。

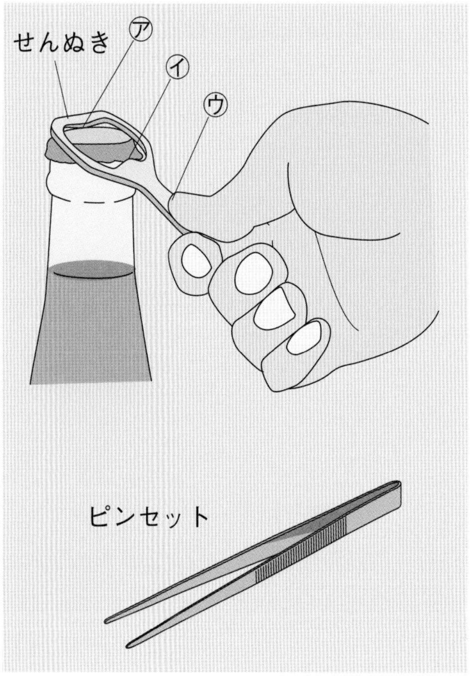

せんぬき
㋐
㋑
㋒
ピンセット

(1) せんぬきで、㋐〜㋒はそれぞれ支点、力点、作用点のどれを表していますか。

㋐(　　　　)
㋑(　　　　)
㋒(　　　　)

(2) ピンセットの支点、力点、作用点の位置関係はどのようになっていますか。次のア〜ウから選びましょう。(　　　)

ア 作用点—支点—力点
イ 作用点—力点—支点
ウ 力点—作用点—支点

(3) せんぬきとピンセットは、てこのはたらきをどのように使っていますか。次のア、イからそれぞれ選びましょう。

せんぬき(　　　)
ピンセット(　　　)

ア 作用点ではたらく力を加えた力より大きくする。
イ 作用点ではたらく力を加えた力より小さくする。

2 右の図は、てこを3種類に分けたものです。次の問いに答えましょう。

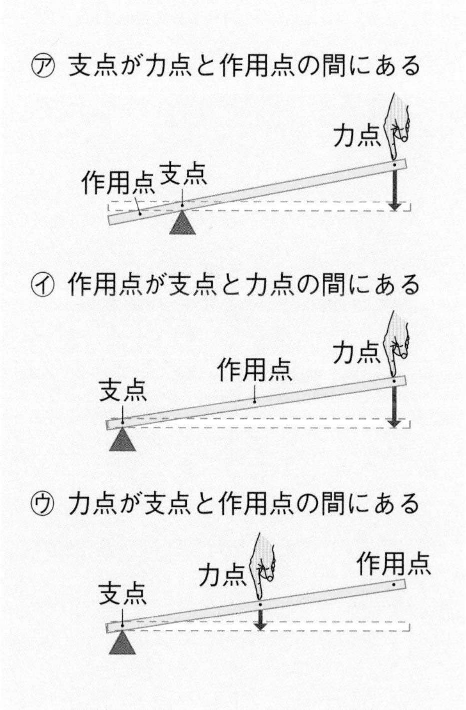

㋐ 支点が力点と作用点の間にある
力点
作用点
支点
㋑ 作用点が支点と力点の間にある
力点
作用点
支点
㋒ 力点が支点と作用点の間にある
力点
作用点
支点

(1) くぎぬきは、どのてこのはたらきを利用していますか。㋐〜㋒から選びましょう。(　　　)

(2) 作用点に大きい力をはたらかせるときに使われているてこはどれですか。㋐〜㋒から2つ選びましょう。

(　　　)(　　　)

(3) 次のア〜エのうち、正しいものを2つ選びましょう。

(　　　)(　　　)

ア せんぬきは㋑のてこのはたらきを利用していて、加えた力より作用点に大きい力をはたらかせることができる。

イ ペンチは㋑のてこのはたらきを利用していて、加えた力より作用点にはたらく力を小さくすることができる。

ウ パンばさみは㋐のてこのはたらきを利用していて、加えた力より作用点に大きい力をはたらかせることができる。

エ ピンセットは㋒のてこのはたらきを利用していて、加えた力より作用点にはたらく力を小さくすることができる。

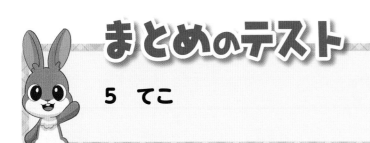

まとめのテスト

5 てこ

時間 **20** 分

得点 /100点

1 **てこのはたらき** 長いじょうぶな棒でできたてこを使って、重いものを簡単に持ち上げようと考えました。次の問いに答えましょう。

1つ4〔36点〕

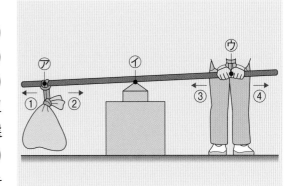

(1) 図の⑦～⑦の点を、それぞれ何といいますか。

⑦（　　　　　　）
⑦（　　　　　　）
⑦（　　　　　　）

(2) ⑦の位置と手ごたえの関係を調べるとき、位置を変えない点はどれですか。⑦～⑦からすべて選びましょう。　　　　　（　　　　　　）

(3) (2)のとき、⑦を①、②のどちらに動かすと、手ごたえが小さくなりますか。　（　　　　　）

(4) ⑦の位置と手ごたえの関係を調べるとき、位置を変えない点はどれですか。⑦～⑦からすべて選びましょう。　　　　　　　　　　　　　　　　　　（　　　　　　　）

(5) (4)のとき、⑦を③、④のどちらに動かすと、手ごたえが小さくなりますか。　（　　　　　）

(6) 重いものを簡単に持ち上げる方法として正しいものを、次のア～エから2つ選びましょう。
（　　　　　）（　　　　　）

ア　力点の位置を支点に近づける。　　イ　力点の位置を支点から遠ざける。
ウ　作用点の位置を支点に近づける。　エ　作用点の位置を支点から遠ざける。

2 **てこのつりあい** 実験用てこを使って、つりあいを調べました。あとの問いに答えましょう。

1つ4〔16点〕

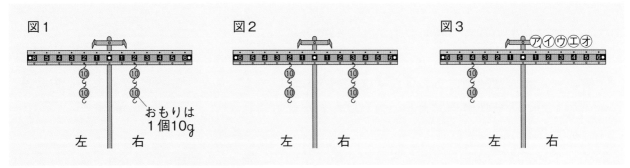

図1　　　　　　　　　　　　図2　　　　　　　　　　　　図3　⑦⑦⑦⑦⑦

おもりは1個10g

左　右　　　　　　　　左　右　　　　　　　　左　右

(1) 図1、図2の棒は、それぞれ右にかたむきますか、左にかたむきますか、水平になりますか。
図1（　　　　　　　　　）
図2（　　　　　　　　　）

(2) 図3で、おもり2個をどこにつり下げるとてこが水平につりあいますか。⑦～⑦から選びましょう。　　　　　　　　　　　　　　　　　　　　　　　　　　（　　　　　）

(3) 図3で、おもり4個をどこにつり下げるとてこが水平につりあいますか。⑦～⑦から選びましょう。　　　　　　　　　　　　　　　　　　　　　　　　　　（　　　　　）

3 [水平になるときのきまり] てこの棒が水平につりあうときのきまりについて、次の問いに答えましょう。

1つ4〔20点〕

(1) てこが水平につりあうとき、てこの左右で何が等しくなっていますか。式の形で答えましょう。 (　　　　　　　　　　　　　　　　)

(2) 次の表は、実験用てこの棒が水平につりあったときの左右のおもりの重さと支点からのきょりを表したものです。①～④にあてはまる数字を書きましょう。

作用点（左側）		力点（右側）	
おもりの重さ(g)	支点からのきょり	おもりの重さ(g)	支点からのきょり
30	4	①	1
30	4	60	②
30	4	③	3
30	4	20	④

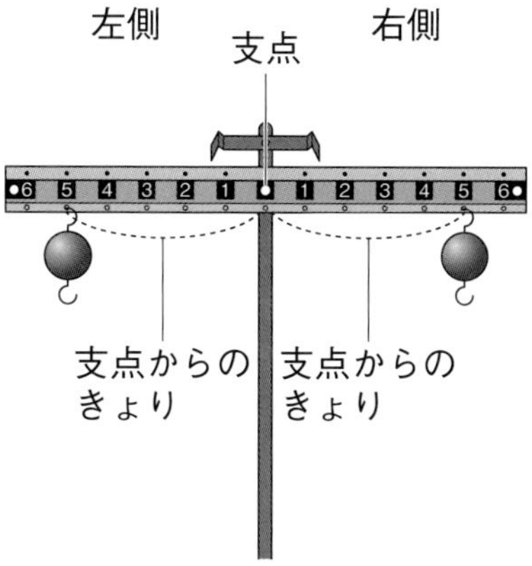

4 [てこの利用] てこのはたらきを利用した道具について、次の問いに答えましょう。

チャレンジ!

1つ4〔28点〕

(1) 次のてこのはたらきを利用した道具の中で、支点が力点と作用点の間にある道具にア、作用点が支点と力点の間にある道具にイ、力点が支点と作用点の間にある道具にウを、それぞれ(　)に書きましょう。

①(　　　)せんぬき

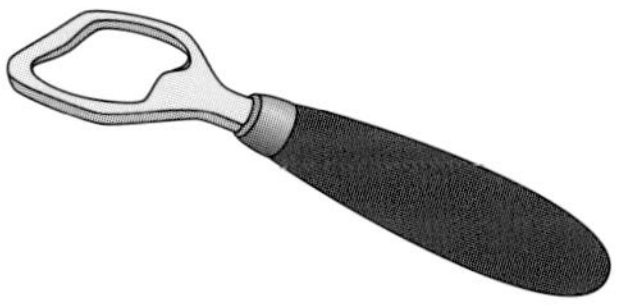

②(　　　)くぎぬき

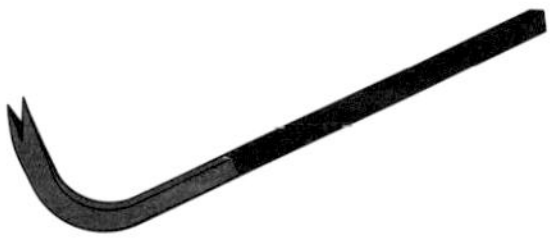

③(　　　)ピンセット

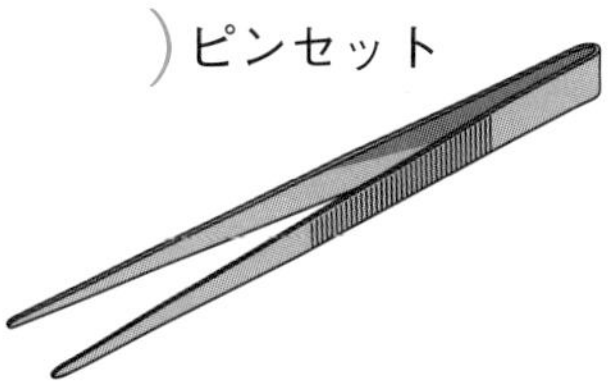

④(　　　)ペンチ

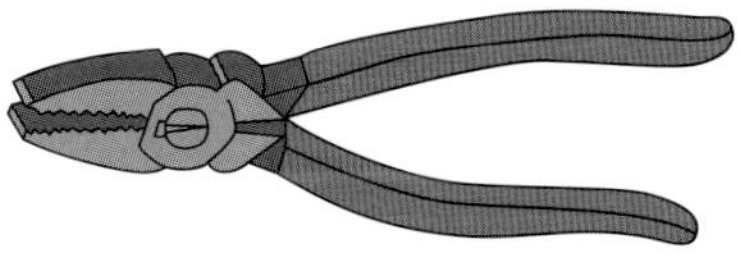

⑤(　　　)和ばさみ

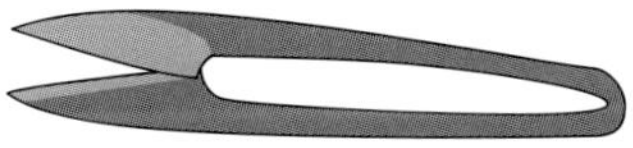

⑥(　　　)空きかんつぶし機

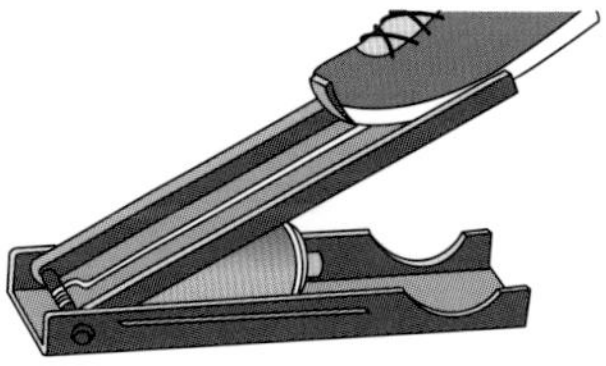

(2) 次の図は、はさみで紙を切っている様子を表しています。切るときの手ごたえが小さいものを、㋐、㋑から選びましょう。 (　　　　)

㋐

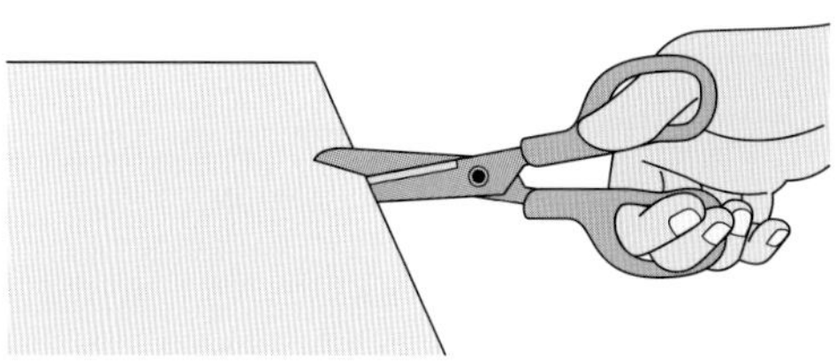

㋑

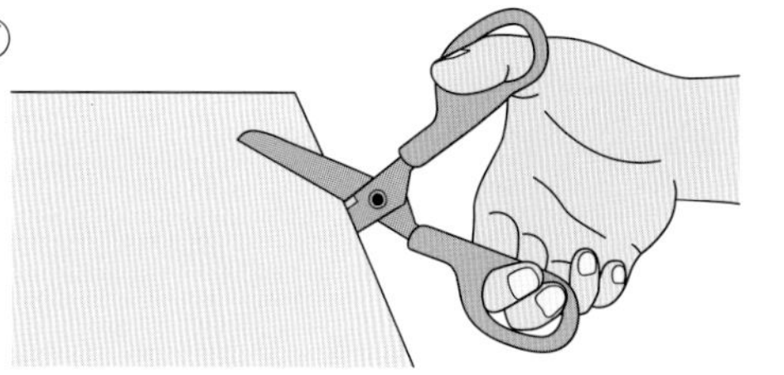

1　地層のつくり

基本のワーク

教科書　106〜112ページ　　答え　14ページ

学習の目標
地層を観察し、地下の様子を調べる方法について理解しよう。

図を見て、あとの問いに答えましょう。

1　地層の観察

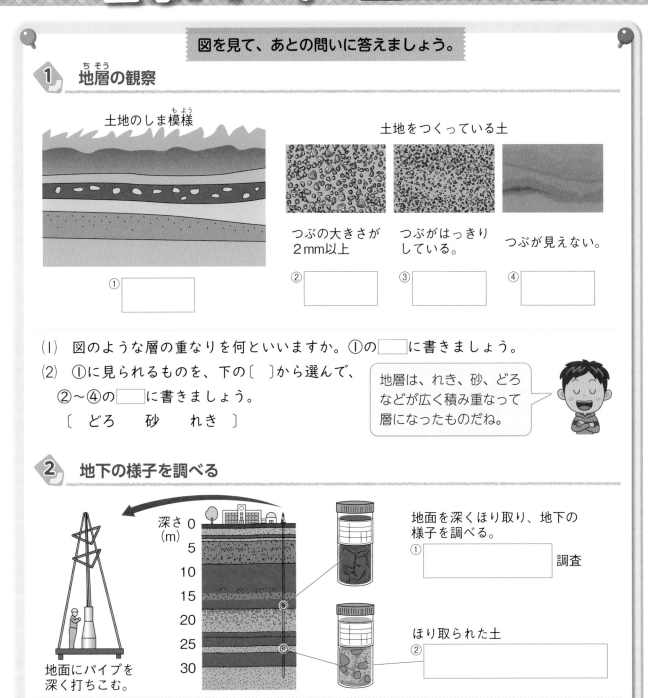

土地のしま模様

土地をつくっている土

つぶの大きさが
2mm以上

つぶがはっきり
している。

つぶが見えない。

①
②
③
④

(1)　図のような層の重なりを何といいますか。①の □ に書きましょう。

(2)　①に見られるものを、下の〔　〕から選んで、②〜④の □ に書きましょう。
〔　どろ　　砂　　れき　〕

地層は、れき、砂、どろなどが広く積み重なって層になったものだね。

2　地下の様子を調べる

深さ
(m)
0
5
10
15
20
25
30

地面を深くほり取り、地下の様子を調べる。
①〔　　　　　〕調査

ほり取られた土
②

地面にパイプを深く打ちこむ。

(1)　①の □ にあてはまる言葉を書きましょう。

(2)　ほり取られた土を何といいますか。②の □ に書きましょう。

まとめ　〔　地層　　ボーリング試料　〕から選んで（　）に書きましょう。

● れき、砂、どろなどが広く積み重なったものを①（　　　　　　）という。

● ②（　　　　　　）を使うと、土地のつくりを知ることができる。

 　しみこんだ水は、固まったどろの層など、水を通しにくい層の上の層にたまり、地下水となります。特に、火山灰やれきなどの層には、すき間が多く、地下水がたまりやすいです。

練習のワーク

教科書 106〜112ページ　　答え 14ページ

❶　土地に見られるしま模様について、次の問いに答えましょう。

(1)　右の図の土地のしま模様は、いくつかの層が積み重なってできたものです。このような層の重なりを何といいますか。　　　（　　　　　　　　）

(2)　これらの層が積み重なっているのは、広いはんいですか、せまいはんいですか。　（　　　　　　　　）

(3)　れき、砂、どろは、手ざわりやつぶの大きさなどで区別することができます。つぶの分け方についてまとめた、次の①〜③にあてはまるつぶはそれぞれ何ですか。

①（　　　　　　　　）
②（　　　　　　　　）
③（　　　　　　　　）

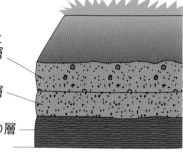

れきと砂の層
砂の層
どろの層

①	大きさは2mm以上。さわるとごろごろしている。
②	つぶがはっきり見える。さわるとざらざらしている。
③	つぶは見えないくらい小さい。さわるとぬるぬるしている。

❷　学校やビルなどを建てるときに、地下の様子を調べることがあります。右の図を見て、次の問いに答えましょう。

(1)　㋐の作業として正しいものを、次のア〜ウから選びましょう。　　　（　　　　　　　　）

ア　土地の広さを調べる。

イ　地面にパイプを深く打ちこんで土をほり取る。

ウ　地面に棒をさして、深さを調べる。

(2)　㋑は、いろいろな深さの土を集めて保管しているものです。これを何といいますか。

（　　　　　　　　）

(3)　(2)を使うと、何を知ることができますか。次のア〜ウから選びましょう。　（　　　　　　　　）

ア　土地のつくり

イ　その土地に建てられた学校やビルなどができた日

ウ　学校やビルなどの建物の高さ

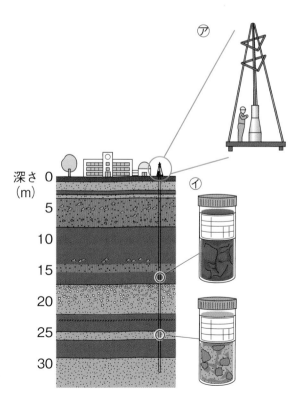

㋐

深さ(m)　0　5　10　15　20　25　30

㋑

51

2　地層のでき方①

基本のワーク

学習の目標
水のはたらきによってできる地層について、理解しよう。

教科書 113〜117ページ　　答え 14ページ

図を見て、あとの問いに答えましょう。

1　水のはたらきによる地層のでき方

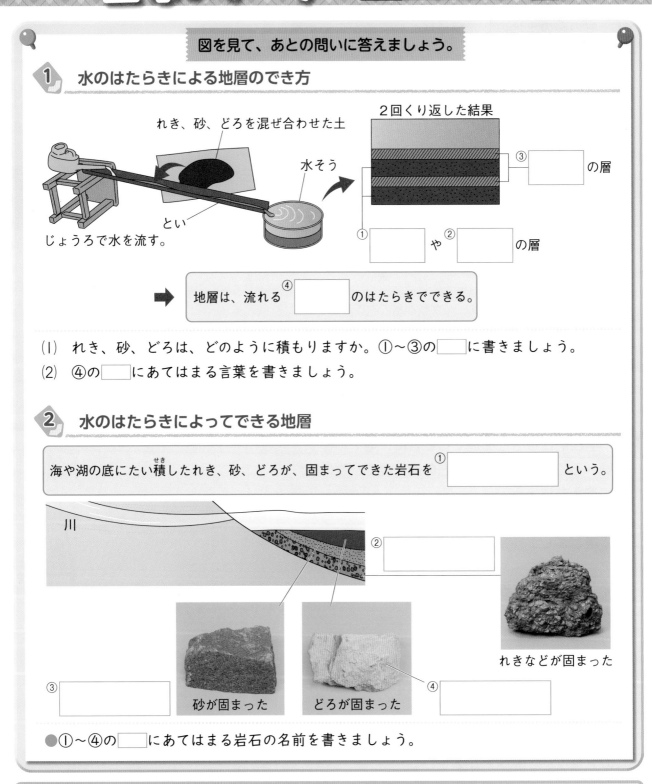

れき、砂、どろを混ぜ合わせた土

水そう

とい

じょうろで水を流す。

2回くり返した結果

③ ［　　　］の層

① ［　　　］や ② ［　　　］の層

➡ 地層は、流れる④ ［　　　］のはたらきでできる。

(1)　れき、砂、どろは、どのように積もりますか。①〜③の □ に書きましょう。

(2)　④の □ にあてはまる言葉を書きましょう。

2　水のはたらきによってできる地層

海や湖の底にたい積したれき、砂、どろが、固まってできた岩石を① ［　　　　　　］という。

川

② ［　　　　　　］

れきなどが固まった

③ ［　　　　　　］

砂が固まった

どろが固まった

④ ［　　　　　　］

● ①〜④の □ にあてはまる岩石の名前を書きましょう。

まとめ　〔 流れる水　たい積岩 〕から選んで（　）に書きましょう。

● 地層は、①（　　　　　　　　）のはたらきによって土が運ばれ、積み重なってできる。

● ②（　　　　　　）には、れき岩、砂岩、でい岩などがある。

わくわくたんてい団　川の水によって運ばれたれきや砂やどろは、川の水が海に流れこんでいるところに積もります。つぶが大きいれきは河口近くに積もり、つぶの小さいどろはおきまで運ばれます。

練習のワーク

教科書 113～117ページ　答え 14ページ

1 次の図1のようにして、土の積もり方を調べました。あとの問いに答えましょう。

図1　　　　　　　　　　　　　　　　　　　　　　　　　図2

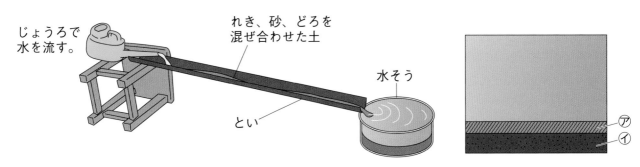

じょうろで水を流す。

れき、砂、どろを混ぜ合わせた土

水そう

とい

(1) れき、砂、どろを混ぜ合わせた土を水で流すと、図2のように積もりました。㋐、㋑はそれぞれ何の層ですか。次のア～ウから選びましょう。　　㋐(　　　　)　㋑(　　　　)

　　ア れきと砂　　　　イ れきとどろ　　　　ウ どろ

(2) (1)の実験のあと、もう一度、れき、砂、どろを混ぜ合わせた土を水で流すと、土は1回目にできた層の上に積もりますか、下に積もりますか。　　(　　　　　　　　)

(3) この実験から、地層は何のはたらきによってできることがわかりますか。

(　　　　　　　　　　　　)

2 地層ができる仕組みと、地層で見られる岩石について、あとの問いに答えましょう。

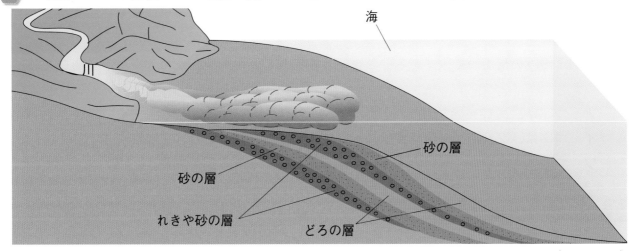

海

砂の層

砂の層

れきや砂の層

どろの層

(1) この図からわかることを、ア～ウから選びましょう。　　(　　　　　)

　　ア 地層は、川の水のはたらきで、れき、砂、どろが混じり合ってできる。

　　イ 地層は、川の水のはたらきで、れき、砂、どろが層に分かれて積み重なってできる。

　　ウ 地層は、風のはたらきで、れき、砂、どろが混じり合ってできる。

(2) 砂が固まって岩石になったものを何といいますか。　　(　　　　　　　)

(3) どろが固まって岩石になったものを何といいますか。　　(　　　　　　　)

(4) れきなどが固まって岩石になったものを何といいますか。　　(　　　　　　　)

勉強した日　　月　　日

まとめのテスト①

6 土地のつくり

時間 20分

得点　　/100点

教科書 106~117ページ　答え 15ページ

よく出る **1** [がけの様子] 図1はがけの様子を観察したもの、図2は図1の㋐~㋒の層のつぶの様子をスケッチしたものです。あとの問いに答えましょう。　1つ4〔24点〕

図1

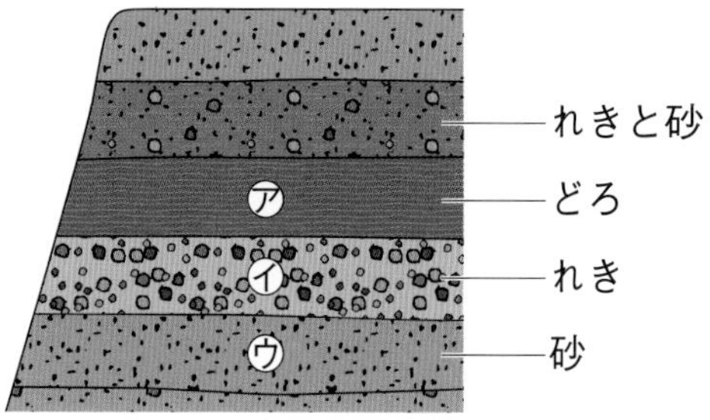

図2

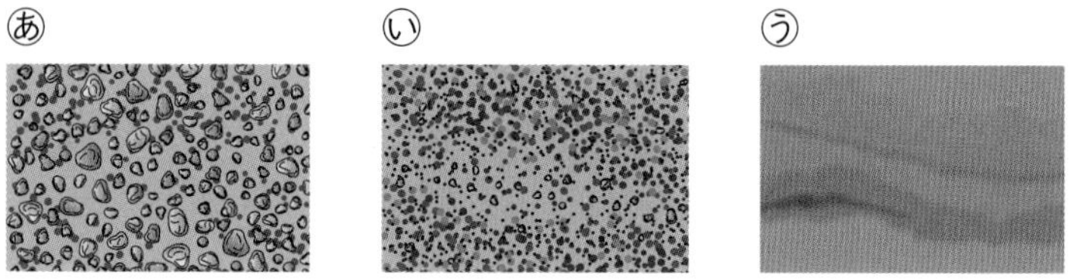

[あ] 2mm以上のつぶがある。　[い] つぶがはっきり見える。　[う] つぶが見えない。

(1) 図1のように、れきや砂、どろなどが層になって積み重なっているものを何といいますか。
(　　　　　)

(2) れき、砂、どろを、つぶが小さいものから順に並べましょう。
(　　　　→　　　　→　　　　)

(3) 図1の㋐の層の様子を表しているものを、図2の[あ]~[う]から選びましょう。
(　　)

(4) 図1の㋑の層の様子を表しているものを、図2の[あ]~[う]から選びましょう。
(　　)

(5) 図1の㋑の層を移植ごてでほりました。㋑の層はおくまで続いていますか。
(　　　　)

(6) 図1の㋒の層をつくっている砂の説明として正しいものを、次のア~ウから選びましょう。
(　　)

ア　つぶは、ベビーパウダーのように細かく、さわるとぬるぬるしている。
イ　つぶは、グラニュー糖や食塩くらいの大きさで、さわるとざらざらしている。
ウ　つぶは、氷砂糖くらいの大きさで、さわるとごろごろしている。

2 [土地のつくり] 土地のつくりについて、正しいものには○、まちがっているものには×をつけましょう。　1つ4〔32点〕

①(　　)地層は、広いはんいで層になって重なり合っている。
②(　　)地面に棒をさして深さを調べることを、ボーリング調査という。
③(　　)ボーリング試料からは、地下の様子を調べることができない。
④(　　)地層の色は、層によってちがっている。
⑤(　　)地層の厚さは、層によってちがっている。
⑥(　　)地層のつぶの色は、どの層でも同じである。
⑦(　　)地層のつぶの大きさは、どの層でも同じである。
⑧(　　)地層のつぶが固まって岩石になることがある。

3 地層のでき方 図1のようにして、れき、砂、どろを混ぜ合わせた土を水そうに流しこみました。あとの問いに答えましょう。

1つ4〔44点〕

図1

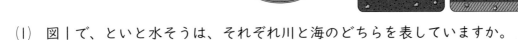

混ぜ合わせる。

れき　どろ　砂

水を流す。

とい　水そう

図2

㋐　れきとどろと砂
㋑　れきと砂　どろ
㋒　れきと砂　どろ

㋓　㋔　㋕

(1) 図1で、といと水そうは、それぞれ川と海のどちらを表していますか。

とい（　　　　　）

水そう（　　　　　）

(2) れき、砂、どろで、つぶがいちばん大きいのはどれですか。

（　　　　　）

(3) れき、砂、どろを混ぜ合わせた土はどのように積もりますか。図2の㋐〜㋒から選びましょう。　（　　　　　）

(4) さらにもう一度、れき、砂、どろを混ぜ合わせた土を流しこみました。このとき、1回めに流した土の上に積もりますか、下に積もりますか。

（　　　　　）

(5) (4)のときの様子を、図2の㋓〜㋕から選びましょう。　（　　　　　）

(6) この実験から、地層は土がどのようにたい積してできると考えられますか。次のア、イから選びましょう。　（　　　　　）

　ア　つぶの大きさで分かれてたい積する。

　イ　つぶの大きさに関係なく混ざってたい積する。

(7) この実験から、地層はどこでできたと考えられますか。　（　　　　　）

(8) 図2のようにしてできた地層に見られるれきの形にはどのような特ちょうがありますか。

（　　　　　）

(9) たい積したれきや砂、どろなどの層が、長い年月をかけて固まると、岩石になることがあります。このような岩石を何といいますか。

（　　　　　）

(10) (9)の岩石のうち、どろの層が固まってできた岩石はどれですか。次の㋐〜㋒から選びましょう。

（　　　　　）

㋐　れき岩　　　　　㋑　砂岩　　　　　㋒　でい岩

2　地層のでき方②

基本のワーク

学習の目標・
地層に、ふくまれるものについて理解しよう。

教科書 118、120〜121ページ　　答え 16ページ

図を見て、あとの問いに答えましょう。

1　地層にふくまれるもの

魚　　　　　ビカリア　　　　アンモナイト　　　　葉

地層の中の動物や植物の死がい、生活のあとを ① [　　　　] という。

● 上の写真のようなものを何といいますか。①の [　] に書きましょう。

2　地層の変化と化石(かせき)

砂やどろが流れこみ、地層ができる。

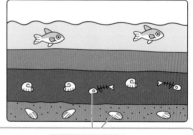

 長い年月

ヒマラヤ山脈

やがて ① [　　　] ができる。

陸上で見られる地層は、
海の底でできた地層が ② [　　　　] られたもの。

(1) ①の [　] にあてはまる言葉を書きましょう。

(2) ②の [　] にあてはまる言葉を、下の〔　〕から選んで書きましょう。
　　〔　おし下げ　　おし上げ　〕

まとめ　〔　海の底　化石 〕から選んで（　）に書きましょう。

● 地層に残された植物や動物の死がい、生活のあとを①（　　　　　）という。

● 陸上で見られる地層や化石は、湖や②（　　　　　）でたい積した地層がおし上げられた。

わくわくたんてい団　ホテルのロビーやデパートなどで、柱やかべに大理石を使っているところがあれば、よく観察してみましょう。アンモナイトや貝などの化石が見つかることがあります。

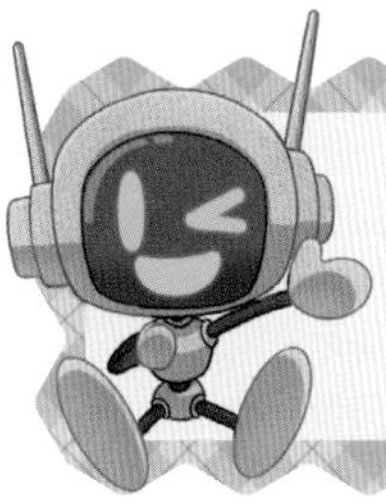

練習のワーク

できた数　　／6問中

[教科書] 118、120～121ページ　[答え] 16ページ

1 地層で見られるものについて、あとの問いに答えましょう。

㋐

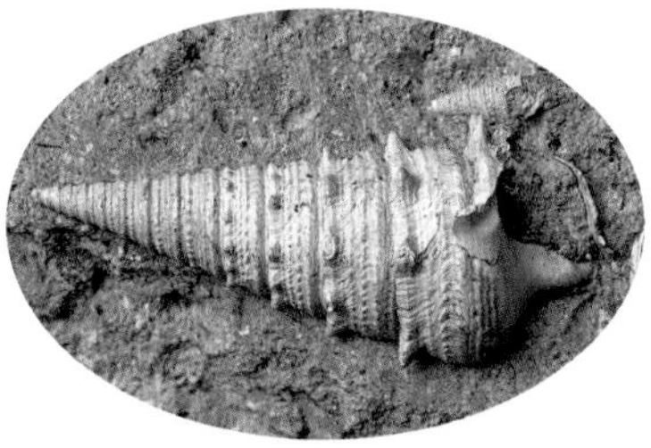

㋑

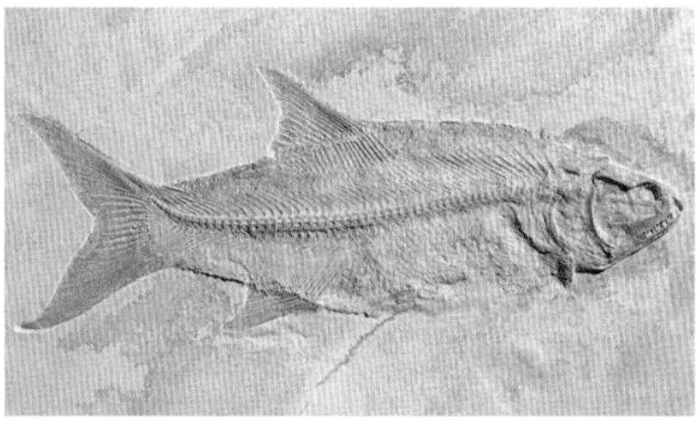

㋒

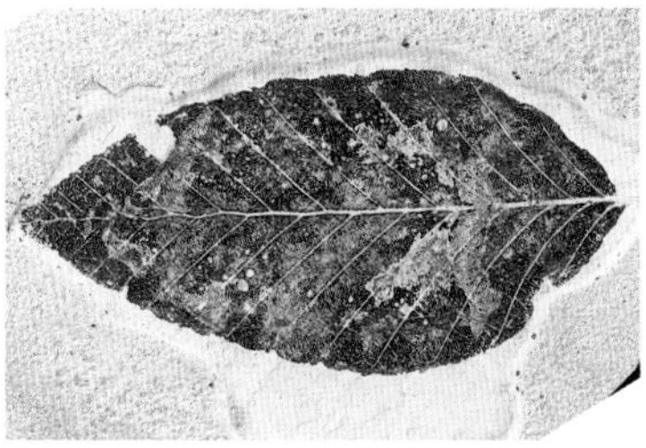

(1) ㋐～㋒はある地層にふくまれていたものです。このような生き物の死がいや生活のあとを何といいますか。

（　　　　　　）

(2) (1)についての説明として、正しいものに○をつけましょう。

①（　　　）(1)は、動物のものだけで、植物のものはない。

②（　　　）(1)は、生き物の体や生活していたあとが、大地にうもれてできたものである。

③（　　　）(1)は、海の底でできたものなので、高い山で見られることはない。

(3) 図の㋐は、どのようなところにいた生き物の化石ですか。正しいほうに○をつけましょう。

①（　　　）海の底

②（　　　）火山

2 右の写真は、高い山の地層から発見された化石です。次の問いに答えましょう。

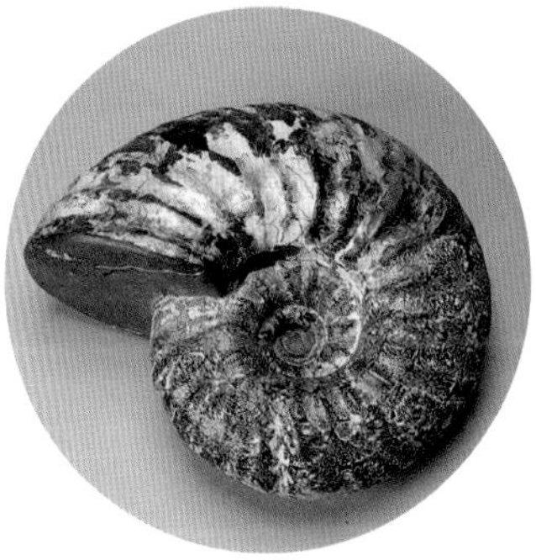

(1) 写真は何の化石ですか。ア～エから選びましょう。

（　　　）

ア　ビカリア

イ　アンモナイト

ウ　魚

エ　木の葉

(2) この化石の生き物は、大昔にどこにすんでいたと考えられますか。ア～ウから選びましょう。

（　　　）

ア　陸の土の中　　イ　山　　ウ　海

(3) この化石が、高い山の地層から発見された理由として正しいものを、ア～ウから選びましょう。

（　　　）

ア　地層が、山で積もってできたから。

イ　地層が、長い年月をかけて、海の底からおし上げられたから。

ウ　地層が、川の水のはたらきでけずられたから。

2　地層のでき方③

基本のワーク

学習の目標・
火山のふん火による地層のでき方や変化について理解しよう。

教科書 [119ページ]　答え [16ページ]

図を見て、あとの問いに答えましょう。

1　火山のはたらきによってできる地層

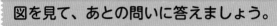

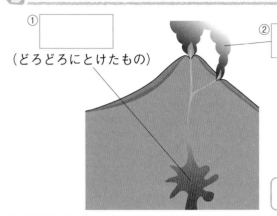

① [　　　　　]
（どろどろにとけたもの）

② [　　　　　]

地層は、火山灰（かざんばい）などが積もってできることもある。

● ①、②の[　]にあてはまる言葉を、下の〔　〕から選んで書きましょう。
〔　火山灰　　マグマ　〕

2　地層をつくるもの

火山のふん火

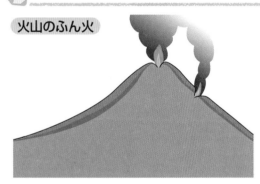

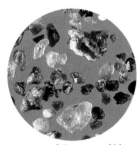

かいぼうけんび鏡で観察した様子

火山がふん火したときに出る固体のつぶを、① [　　　　　] という。

火山灰を水がにごらなくなるまで洗い、② [　　　　　] の上に移す。

（1）　火山がふん火したときに出される、小さいつぶは何ですか。①の[　]に書きましょう。

（2）　かいぼうけんび鏡で観察するときに火山灰を入れる⑥の器具を何といいますか。②の[　]に書きましょう。

まとめ　〔 ふん火　火山灰 〕から選んで（　）に書きましょう。
● 火山の①（　　　　　）によって火山灰がふき出される。
● 地層には、火山がふん火したときに出される②（　　　　　）でできたものがある。

火山灰のつぶには、セキエイ、チョウ石、クロウンモ、カクセン石、キ石、カンラン石などがあります。無色とう明のセキエイは、水晶（すいしょう）と呼ばれています。

練習のワーク

教科書 119ページ　答え 16ページ

できた数　／6問中

1 図1は火山の様子、図2は火山のふん火によってできた地層の様子を表しています。あとの問いに答えましょう。

図1

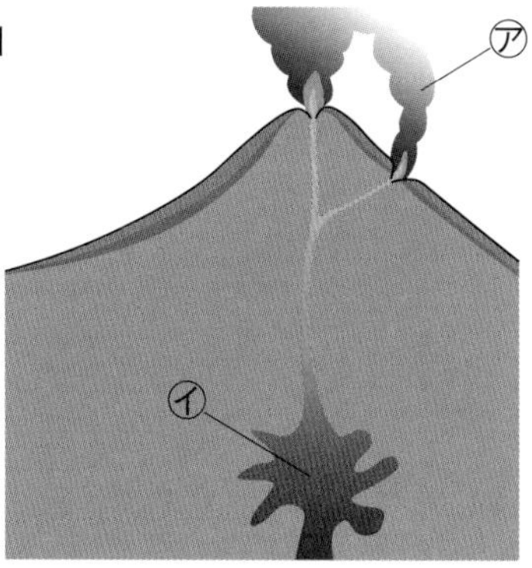

図2

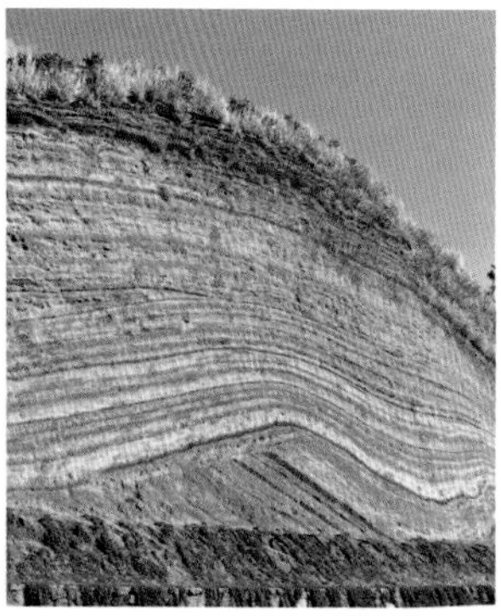

(1) 火山がふん火したときに火口から出る、小さい固体のつぶ㋐を何といいますか。
（　　　　　）

(2) 火山の地中深くにある、どろどろにとけた㋑を何といいますか。（　　　　　）

(3) 図2の地層は、どのようにしてできたと考えられますか。次のア、イから選びましょう。（　　　）

ア　水のはたらきによって、火山の上にれきや砂が積み重なってできた。

イ　火山のふん火によって、ふき出した火山灰などが降(ふ)り積もってできた。

ふん火によって、火口からふき出されたものが積もって地層ができるんだね。

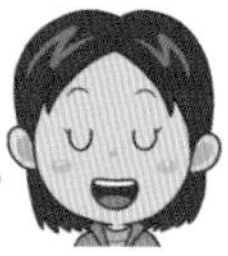

2 かいぼうけんび鏡を使って火山灰を観察しました。あとの問いに答えましょう。

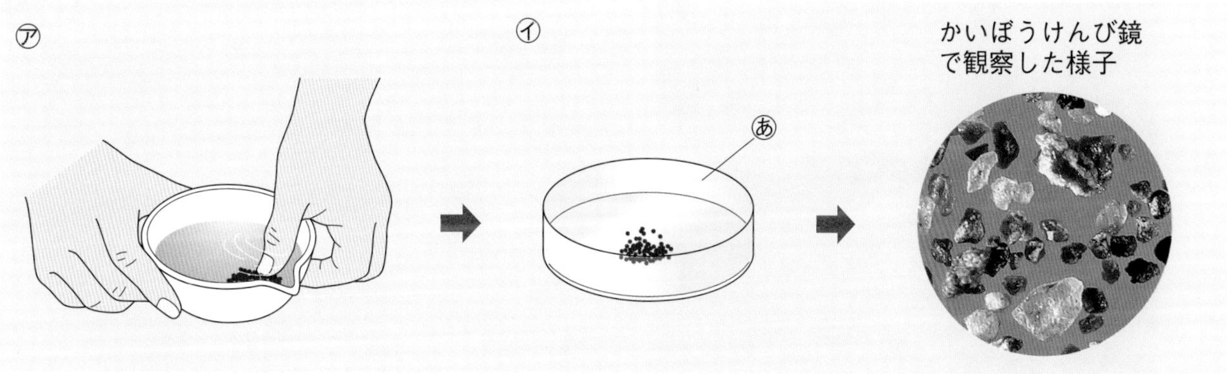

(1) ㋐では何をしますか。次のア～ウから選びましょう。（　　　）

ア　火山灰を指ですりつぶす。　　イ　火山灰を１度だけ簡単に洗う。

ウ　火山灰を水がにごらなくなるまで何度も洗う。

(2) ㋑では、火山灰を観察するために、[あ]の上に移しています。[あ]の器具を何といいますか。
（　　　　　）

(3) かいぼうけんび鏡を使うと、どのように見えますか。次のア、イから選びましょう。

ア　小さいものが大きく見える。（　　　）

イ　大きいものが小さく見える。

3　火山や地震と土地の変化

学習の目標・
火山の活動や、地震による土地の変化について理解しよう。

基本のワーク

教科書 122〜129ページ　　答え 16ページ

図を見て、あとの問いに答えましょう。

1　火山の活動による土地の変化

① [　　　] が降り積もる。

火口から ② [　　　] が流れ出る。

土地の変化の例

海底火山から流れ出た溶岩によって新しい ③ [　　] ができる。

土地が盛り上がって ④ [　　　　] ができる。

(1)　火山のふん火によって出されるものを、①、②の[　]に書きましょう。

(2)　火山の活動によって起こる土地の変化を、下の〔　〕から選んで、③、④の[　]に書きましょう。
〔　新しい山　　島　〕

2　地震による土地の変化

土地の変化の例

大規模な山くずれが発生する。

① [　　　　　] によって道路などがこわれる。

② [　　　　　] （土地のずれ）が地表に現れる。

●　地震による土地の変化を、下の〔　〕から選んで、①、②の[　]に書きましょう。
〔　断層　　地割れ　〕

まとめ　〔溶岩　火山灰　地割れ〕から選んで（　）に書きましょう。

● 火山の活動により①（　　　　　）が降り積もったり、②（　　　　　）が流れ出たりする。

● 地震により、③（　　　　　）ができるなどして、土地の様子が変化することがある。

わくわくたんてい団　地震は、地球の表面をおおっているプレートという岩石の層が移動して、他のプレートに大きな力がはたらくことによって起きます。

練習のワーク

教科書 122〜129ページ　答え 16ページ

1 火山のふん火による土地の変化について、次の問いに答えましょう。

(1) 図1の様子について、正しいものをア〜ウから選び　図1
ましょう。　　　　　　　　　　　　　　　（　　　）

　ア　火山のふもとは、土地がしずんだようになってい
　　る。

　イ　火山のふん火によって、新しい山ができている。

　ウ　火山のふもとは、ごつごつした溶岩におおわれて
　　いる。

(2) 図2の鳥居は、火山のふん火によってあるものにう
もれてしまいました。鳥居をうめたあるものとは、何
ですか。ア〜ウから選びましょう。　　　（　　　）

　ア　大量の水

　イ　火山灰

　ウ　ごつごつした岩石

(3) 火山の活動によって、そのまわりの土地の様子が変
化することがありますか。　　　　　　　（　　　）

図1

図2
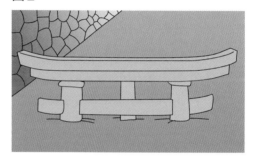

2 地震による土地の変化について、あとの問いに答えましょう。

図1　　　　　　　　　　図2

(1) 図1は、土地に大きい力が加わってできた土地のずれが、地表に現れた様子を表したもの
です。この土地のずれを何といいますか。　　　　　　　　　　　　　　（　　　　　　　）

(2) 図2は、以前は海底だったところが現在は陸地になっている様子を表したものです。土地
がこのように変化した理由を、ア〜ウから選びましょう。　　　　　　　（　　　）

　ア　地震によって、山がくずれたから。

　イ　地震によって、海水が蒸発したから。

　ウ　地震によって、土地が高くなったから。

(3) 地震によって、地面が割れることがあります。これを何といいますか。

　　　　　　　　　　　　　　　　　　　　　　　　　　　　　　　　　（　　　　　　　）

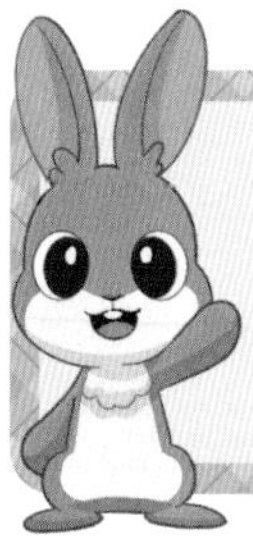

まとめのテスト②

6 土地のつくり

時間 20分

得点 /100点

教科書 118～129ページ　答え 16ページ

1 **地層にふくまれるもの** **地層から見つかる化石について、あとの問いに答えましょう。**

1つ6〔30点〕

㋐
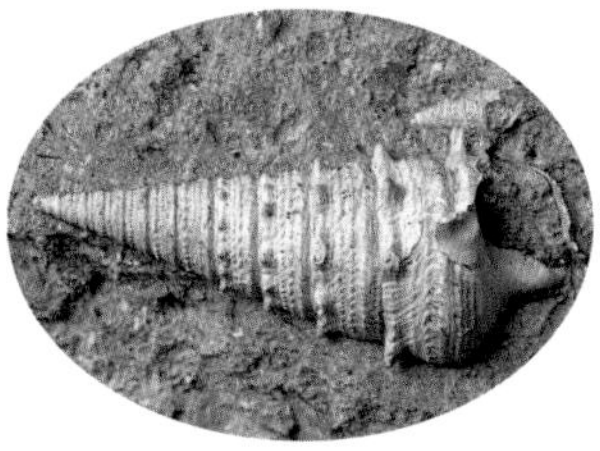

㋑
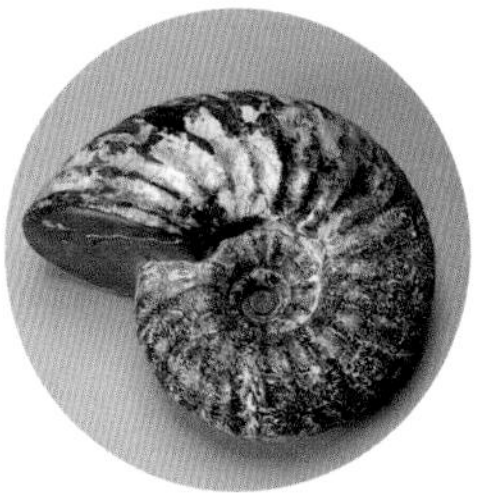

㋒
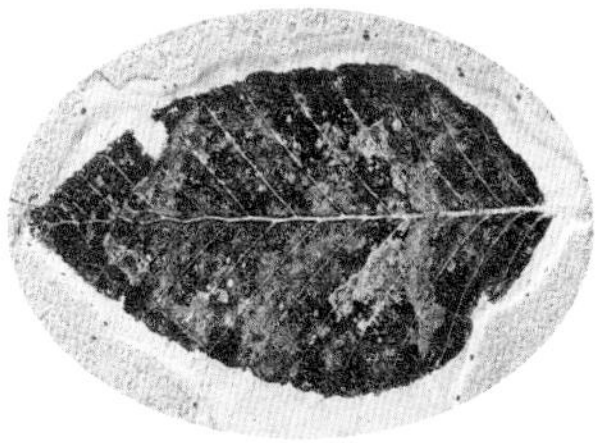

(1) 次のア～エのうち、化石といえるものを2つ選びましょう。　(　　)(　　)

ア　昔の動物や植物の死がい

イ　昔の火山灰

ウ　昔の動物の生活のあと

エ　昔の金属の板

(2) 図の㋐～㋒はそれぞれ何の化石ですか。次のア～ウから選びましょう。

㋐(　　)　㋑(　　)　㋒(　　)

ア　ビカリア

イ　アンモナイト

ウ　木の葉

2 **地層の変化** **右の図は、がけの様子を観察したものです。次の問いに答えましょう。**

1つ6〔18点〕

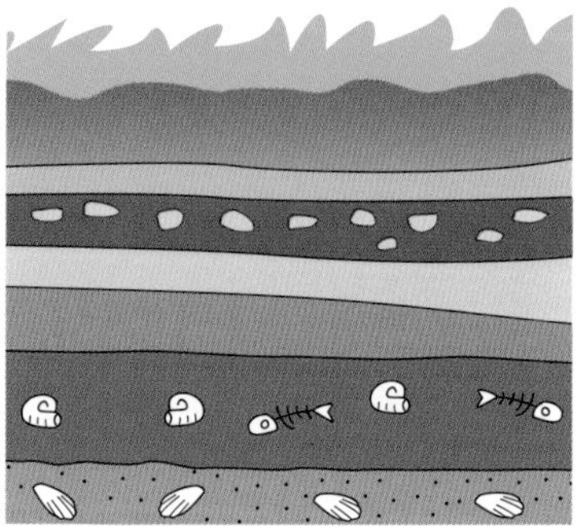

(1) がけに見られる地層を調べていると、大昔の魚や、貝が見つかりました。このような地層の中に残された生き物の死がいや生活のあとを何といいますか。　(　　)

(2) 大昔の魚や貝が見つかった層ができたころ、そこはどのような場所であったと考えられますか。ア～ウから選びましょう。

(　　)

ア　山　　イ　森　　ウ　海

(3) (1)が陸上で見られるようになるまでの流れについて、ア～ウを正しい順に並べましょう。

(　　→　　→　　)

ア　砂やどろの層にうもれた生き物の死がいなどが(1)になる。

イ　砂や土が海に流れこみ生き物の死がいなどが、砂やどろの層にうもれる。

ウ　長い年月をかけて、地層がおし上げられて陸に出る。

3 [地層をつくるもの] 火山のふん火によってできた地層について、あとの問いに答えましょう。

1つ7〔28点〕

図1

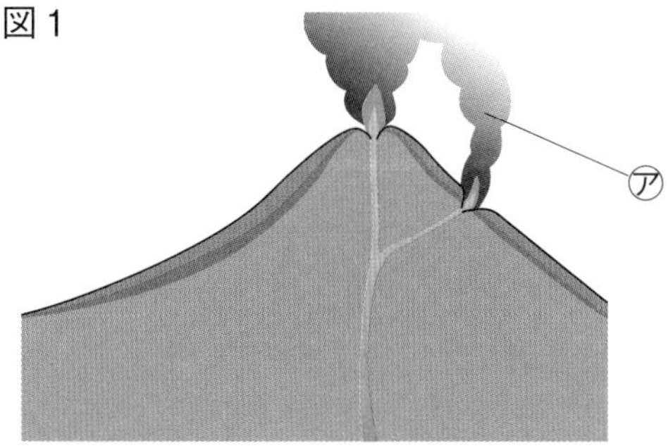

図2

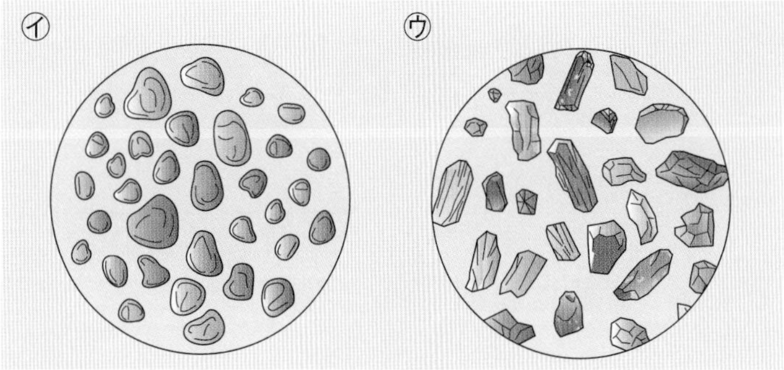

(1) 図1の㋐は、火山がふん火したときに火口から出た小さなつぶです。何といいますか。

（　　　　　）

(2) ㋐をかいぼうけんび鏡で観察するためにはどのようにするとよいですか。次のア〜エを正しい手順になるように並べましょう。　（　　→　　→　　→　　）

ア　㋐を蒸発皿に取り、水を加える。　　イ　㋐をペトリ皿に入れる。

ウ　㋐を指でおすようにして洗う。　　エ　蒸発皿の水がにごらなくなるまで洗う。

(3) ㋐をかいぼうけんび鏡で観察した様子を表しているのは、図2の㋑、㋒のどちらですか。

（　　）

(4) 地層には、㋐などが積み重なってできたものがありますか。　（　　　　）

4 [土地の変化] 火山のふん火や地震による土地の変化について、あとの問いに答えましょう。

1つ4〔24点〕

㋐

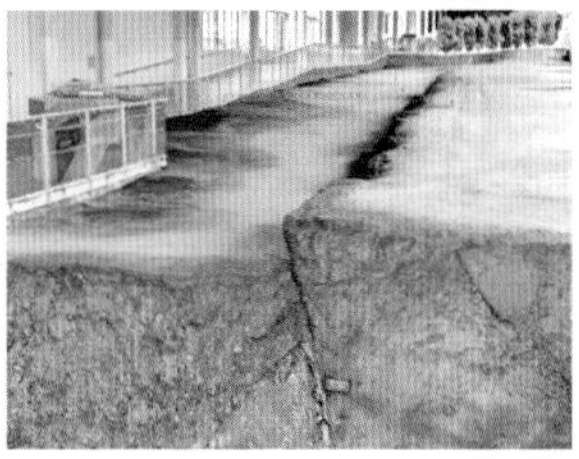

㋑

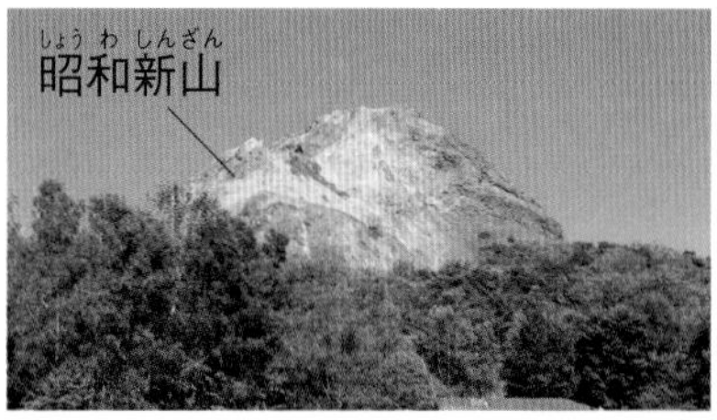

㋒

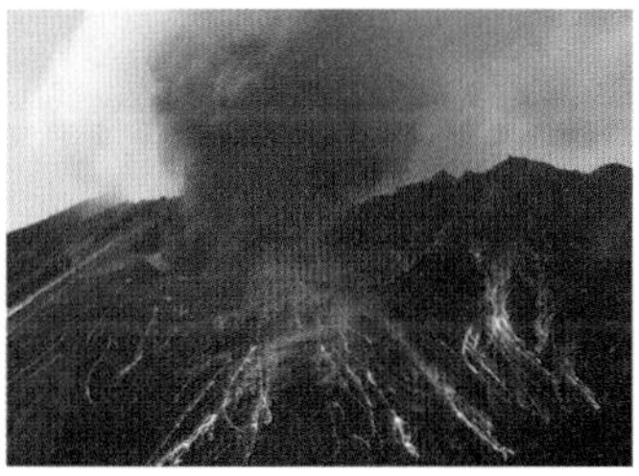

㋓

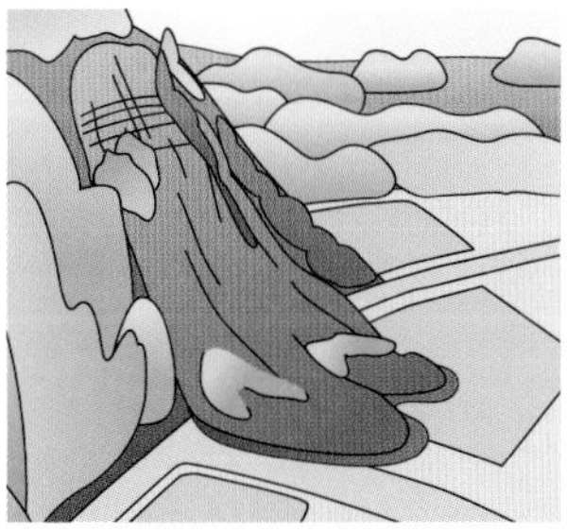

㋔

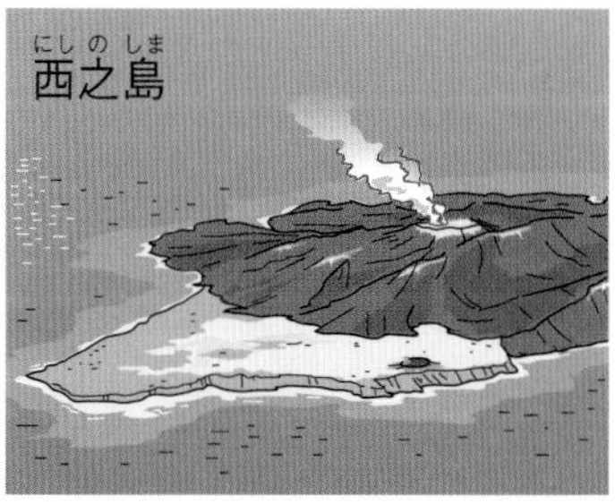

(1) 次の①〜⑤の説明にあてはまるものを、上の図の㋐〜㋔からそれぞれ選びましょう。

① 山間部で起こった地震で、山くずれが起きた。　（　　）

② 火山から流れ出た溶岩でできた島ともともとあった島が合体した。　（　　）

③ 土地に大きい力が加わり、土地がずれた。　（　　）

④ 火山の活動によって、土地が盛り上がり、新しい山ができた。　（　　）

⑤ 火山の活動によって、火口から溶岩が流れ出した。　（　　）

(2) 断層が見られると、過去にその土地で何が起こったとわかりますか。（　　　　）

地震や火山と災害

基本のワーク

学習の目標・
火山の活動や地震による災害と対策について理解しよう。

教科書 130～137ページ　答え 17ページ

図を見て、あとの問いに答えましょう。

1 地震による災害と対策

津波（つなみ）などのひ害を防ぐ、
①
をつくる。

道路や建物を地震の
②
にたえられるようにする。

地震が発生したときはすぐに、
③
を流す。

● 地震の対策について、①～③の □ にあてはまる言葉を、次の〔　〕から選んで書きましょう。　〔　てい防　　緊急地震速報（きんきゅう）　　強いゆれ　〕

2 火山による災害と対策（たいさく）

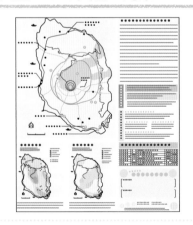

ふん火に備えた
①
を設けたり、

②
をつくって、
火山がふん火したときのために日ごろの準備を呼びかけたりしている。

● ①、②の □ にあてはまる言葉を、下の〔　〕から選んで書きましょう。
〔　火山ハザードマップ　　ひなん所　〕

まとめ　〔 対策　準備 〕から選んで（　）に書きましょう。

●災害が起こったときのひ害をおさえるために、さまざまな①（　　　　　　）がとられたり、
日ごろの②（　　　　　）を呼びかけたりしている。

わくわくたんてい団　地震のゆれの大きさを震度といい、日本では0～7の10階級（震度5と6には弱と強がある）に分けられています。震度は、地震が起きた場所から遠くなるほど小さくなります。

練習のワーク

教科書 130〜137ページ　答え 17ページ

できた数　　/12問中

1 **次の図は、地震によるひ害と対策の様子を表しています。あとの問いに答えましょう。**

㋐
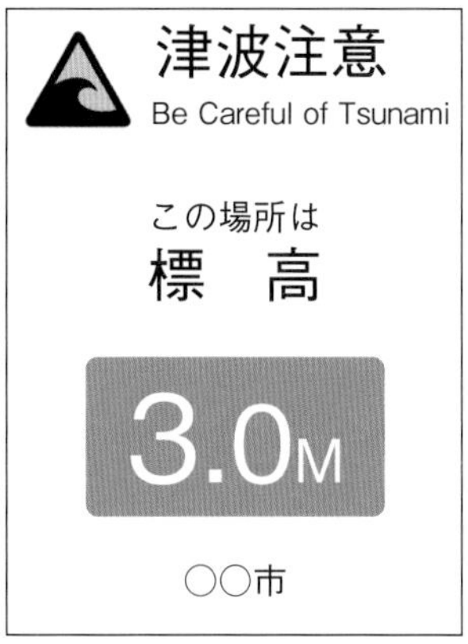
津波注意
Be Careful of Tsunami
この場所は
標　高
3.0M
○○市
出典：JIS z *8210*：2017
津波注意

㋑

㋒

㋓

㋔

(1) 次の①〜⑤の説明にあてはまるものを図の㋐〜㋔から選びましょう。
① 地割れができ、道路がこわれた。（　　）
② 建物を強いゆれにたえられるように補強(ほきょう)している。（　　）
③ 土砂(どしゃ)くずれが発生した。（　　）
④ 津波のひ害を防ぐために、海岸にてい防がつくられている。（　　）
⑤ 標高を示して、津波への備えをうながしている。（　　）

(2) 気象庁は、全国約670か所に何を設置することで、地震が起こったときに緊急地震速報をテレビやインターネットで流すことができるようにしていますか。（　　）

2 **日本の火山について、次の問いに答えましょう。**

(1) 次の文のうち、火山の活動に備えた対策といえるものを、ア〜ウから2つ選びましょう。
（　　）（　　）
ア 火山ハザードマップを作成し、ふん火したときの危険(きけん)性を知らせている。
イ 火山灰が降り積もり、町をおおうのを防ぐためにてい防をつくっておく。
ウ 火山がふん火したときににげこめるよう、トンネル型のひなん所をつくっておく。

(2) 次の文のうち、正しいものには○、まちがっているものには×をつけましょう。
①（　　）日本は、世界の中では火山のふん火が少ない地域である。
②（　　）インターネットのウェブサイトで、火山に対する注意を呼びかけている。
③（　　）火山がふん火するとひ害が生じることがあるが、火山があることでめぐみをあたえてくれることはない。
④（　　）日ごろから防災訓練を行っておき、災害から自分の身を守る方法を身に付けておく必要がある。

7 月の見え方と太陽

勉強した日　月　日

月の見え方と太陽

基本のワーク

学習の目標：月、太陽、地球の位置と月の形の関係について理解しよう。

教科書 138～149ページ　　答え 18ページ

図を見て、あとの問いに答えましょう。

1 月の見え方の変化

月の見え方の変化

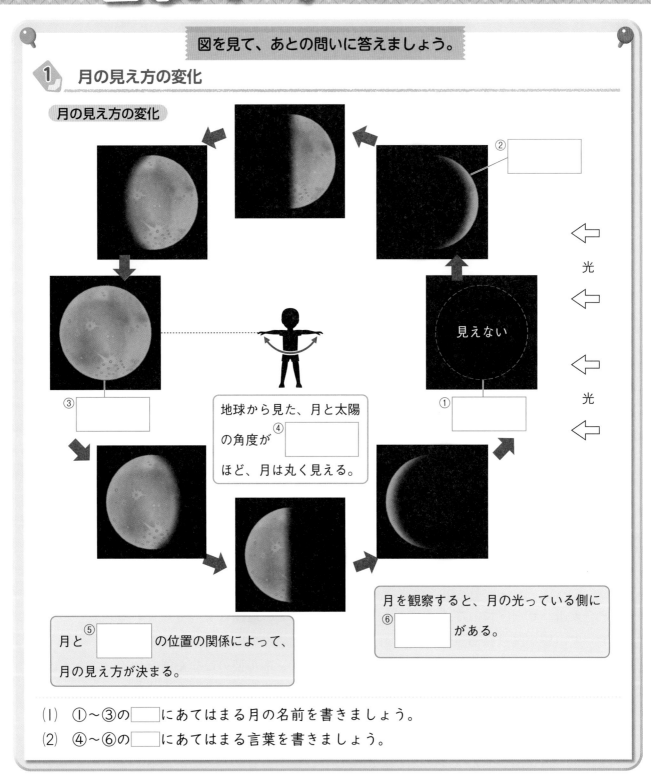

(1) ①～③の□□にあてはまる月の名前を書きましょう。

(2) ④～⑥の□□にあてはまる言葉を書きましょう。

まとめ　〔 位置の関係　太陽 〕から選んで（　）に書きましょう。

● 月の光っている側には、①（　　　　　）がある。

● 月と太陽の②（　　　　　）によって、月の見え方が決まる。

  月から見ると、地球と太陽の位置の関係によって、地球の形が変わって見えます。地球が最も大きく見られるとき、その形は満月ならぬ、満地球となります。

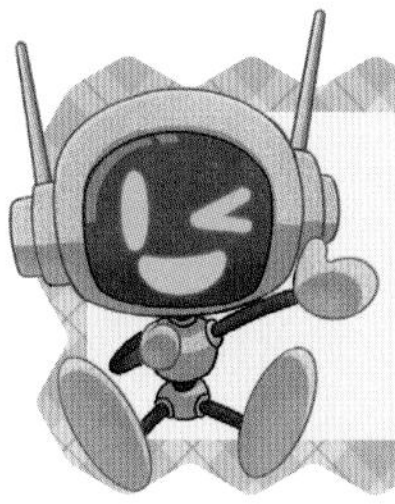

練習のワーク

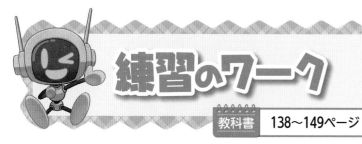

教科書 138〜149ページ　答え 18ページ

できた数　　/19問中

1 右の図は、ある日に月の位置と形を調べて記録したものです。次の問いに答えましょう。

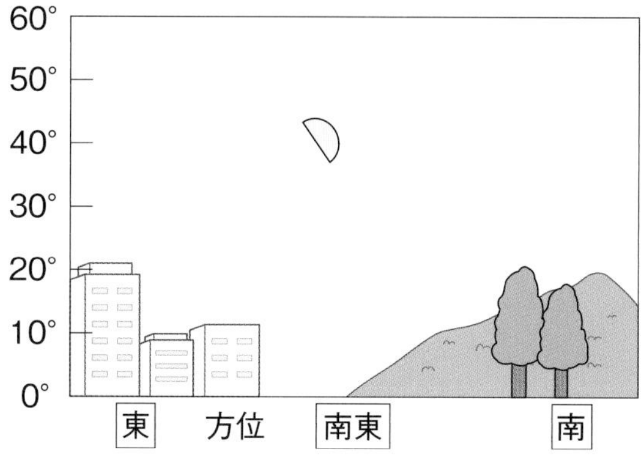

(1) 太陽があるのは、月の光っている側ですか、光っていない側ですか。
（　　　　　）

(2) 調べた日の２日後、同じ時刻(じこく)に月と太陽の位置を調べました。太陽の位置はどのようになっていますか。ア、イから選びましょう。
（　　　）

ア　ほとんど変わっていない。

イ　変わっている。

(3) (2)のとき、月の見える位置や形はどのようになっていますか。それぞれ(2)のア、イから選びましょう。
位置（　　　）　形（　　　）

2 月の見え方について、あとの問いに答えましょう。

図１

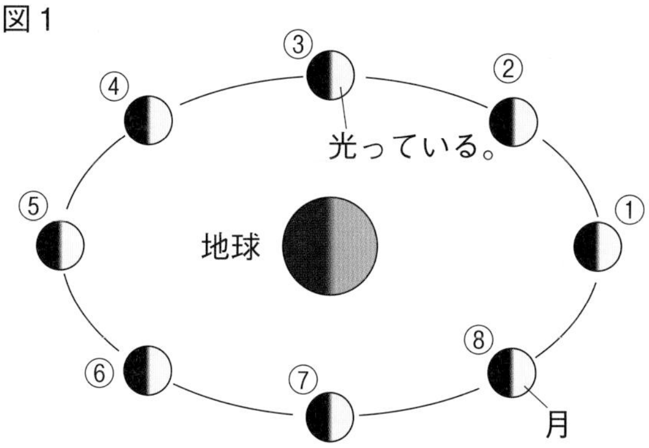

図２

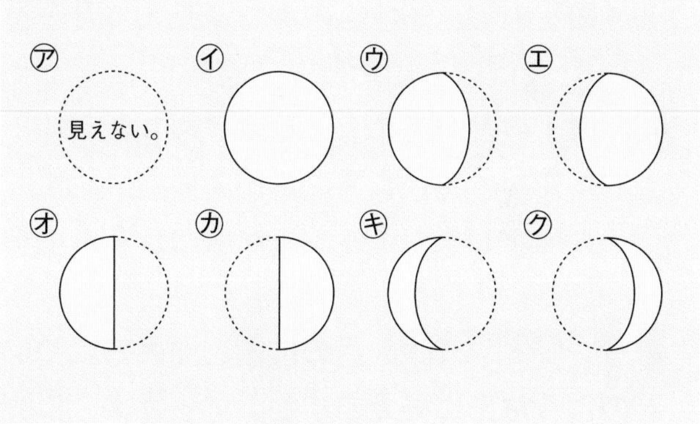

(1) 図１で、太陽はどの方向にありますか。次のア〜エから選びましょう。　（　　　）

ア　図の右側　　イ　図の左側　　ウ　図の上側　　エ　図の下側

(2) 月が図１の①〜⑧の位置にあるとき、月はどのような形に見えますか。それぞれ図２の㋐〜㋗から選びましょう。
①（　　）　②（　　）　③（　　）　④（　　）
⑤（　　）　⑥（　　）　⑦（　　）　⑧（　　）

(3) 図２の㋐、㋑、㋔、㋗の形の月を、それぞれ何といいますか。
㋐（　　　　）　㋑（　　　　）
㋔（　　　　）　㋗（　　　　）

(4) 月の見え方はどのような順で変わっていきますか。図２の㋐〜㋗を並べましょう。ただし、㋐を最初とします。
（㋐ →　　→　　→　　→　　→　　→　　→　　）

(5) 月の見え方は、観察する人から見た月と太陽の何によって決まりますか。
（　　　　　）

まとめのテスト

7　月の見え方と太陽

時間 20分

勉強した日〉　　月　　日

得点

/100点

教科書 138〜149ページ　　答え 19ページ

1 **月の形** 図1は、ある日に見えた月を観察、記録したものです。あとの問いに答えましょう。

1つ5〔35点〕

図1

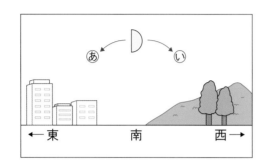

図2

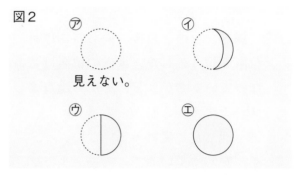

(1) 図1のとき、太陽があるのは、あ、いのどちらの方向ですか。　　　（　　　　）

(2) (1)と答えた理由を、次のア〜ウから選びましょう。　　　（　　　　）

　　ア　月が南の空にあるとき、いつも太陽は(1)の方向にあるから。

　　イ　太陽はいつも、月の光っていない側にあるから。

　　ウ　太陽はいつも、月の光っている側にあるから。

(3) 図2の㋐、㋑、㋓のように見える月をそれぞれ何といいますか。

　　　　　　　　㋐（　　　　　　　）　㋑（　　　　　　　）　㋓（　　　　　　　）

(4) 図1の月が見えた2日後の同じ時刻に、もう一度月を観察しました。月の位置はどちらの方へ変わっていますか。図1のあ、いから選びましょう。　　　（　　　　）

(5) 太陽がしずむころ、東からのぼる月の形は、図2の㋐〜㋓のどれですか。　　　（　　　　）

2 **月の位置と形** 月の位置と見え方について、月が㋐〜㋔の位置にあるとき、地球から月はどのような形に見えますか。㋐〜㋔の□に光っている部分をぬりつぶしてかきましょう。ただし、見えないときは、□に×をかきましょう。

1つ5〔25点〕

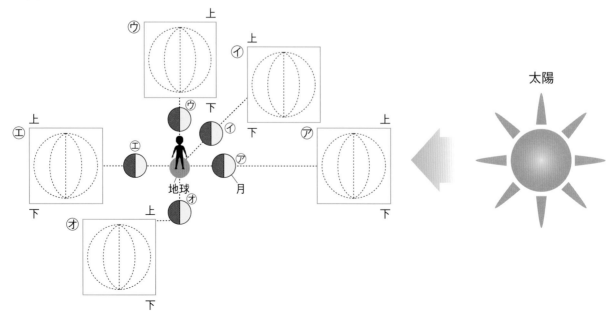

よく出る **3** **月の形の見え方** 次の図1のように、ボールの位置をいろいろと変えて、月の形の見え方について調べました。あとの問いに答えましょう。

1つ3〔24点〕

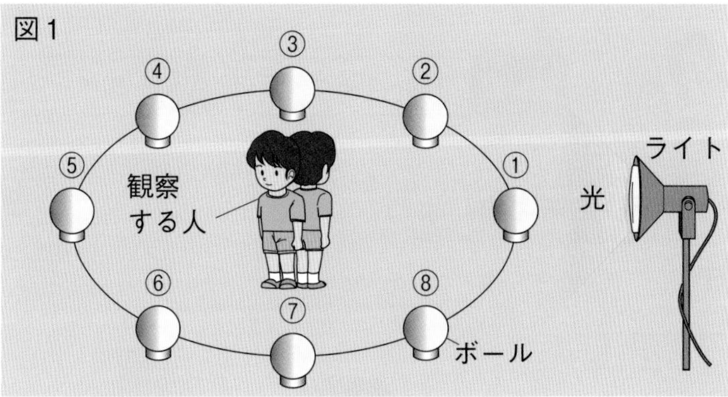

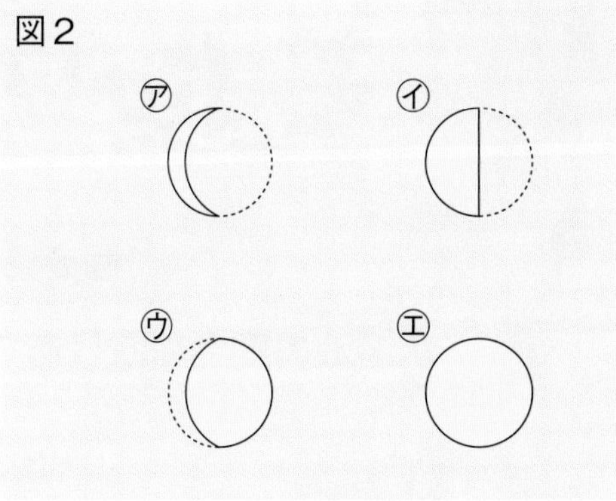

(1) この実験では、人、ライト、ボールをそれぞれ何に見立てていますか。地球、月、太陽から選んで書きましょう。

人(　　　　　)　ライト(　　　　　)　ボール(　　　　　)

(2) ボールが図2の㋐～㋓のように見えるのは、どの位置にあるときですか。図1の①～⑧から選び、それぞれ番号で答えましょう。

㋐(　　　)　㋑(　　　)　㋒(　　　)　㋓(　　　)

記述 (3) この実験から、月の見え方は何によって決まると考えられますか。

(　　　　　　　　　　　　　　　　　　　　)

4 **月の見え方** 12月10日と12月12日の午後3時に見える月を観察すると、図のような位置に見えました。あとの問いに答えましょう。

1つ4〔16点〕

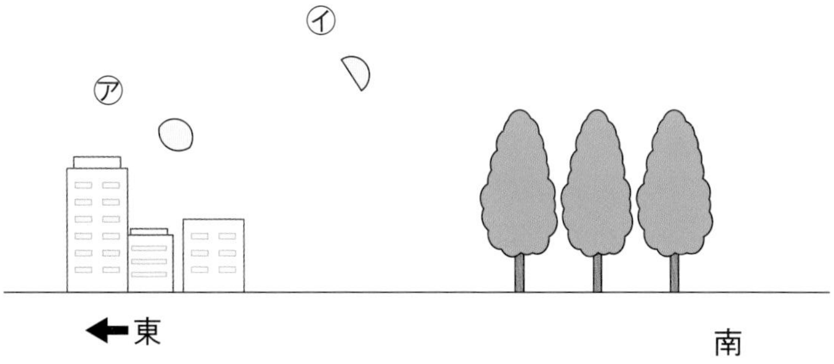

(1) 月を観察したとき、太陽はどの方位にありますか。次のア～エから選びましょう。

(　　　)

ア　南東　　イ　南西　　ウ　北東　　エ　北西

(2) 12月10日に観察した月は、㋐、㋑のどちらですか。(　　　)

(3) 地球から見て、月と太陽の角度が大きいのは、㋐、㋑のどちらですか。(　　　)

(4) ㋑の月を観察した1週間前の月は、どのような形をしていましたか。次の[あ]～[お]から選びましょう。(　　　)

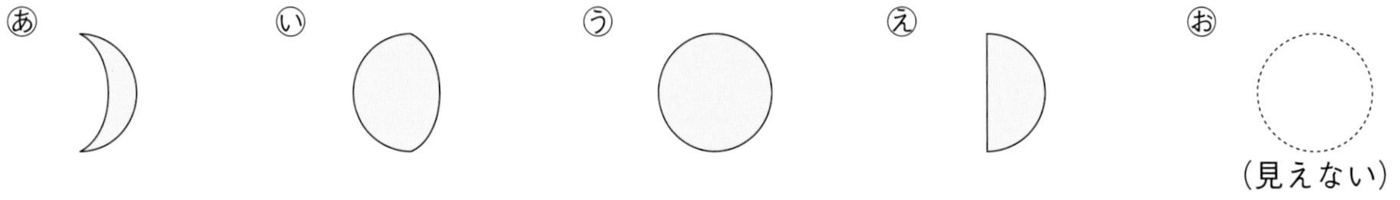

1 水溶液の性質①

基本のワーク

学習の目標
水溶液の取りあつかい方や調べ方を理解しよう。

教科書 150〜156ページ　答え 20ページ

図を見て、あとの問いに答えましょう。

1 水溶液の安全な取りあつかい方

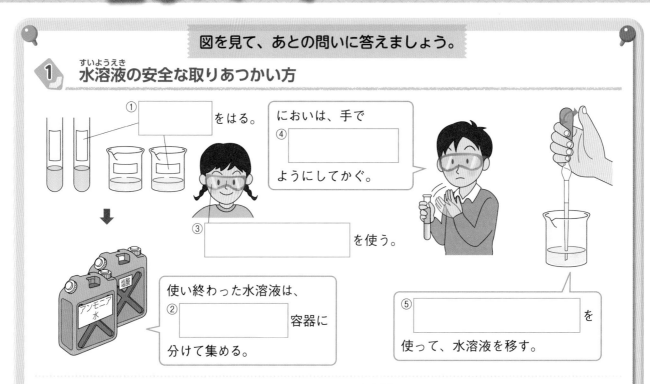

① □ をはる。

④ においは、手で □ ようにしてかぐ。

③ □ を使う。

② 使い終わった水溶液は、□ 容器に分けて集める。

⑤ □ を使って、水溶液を移す。

● 水溶液の取りあつかい方について、①〜⑤の□にあてはまる言葉を書きましょう。

2 水溶液を調べる

	うすい塩酸	炭酸水	食塩水	石灰水	うすいアンモニア水
見た様子	①	あわが出ている	②	色がなくとうめい	色がなくとうめい
におい	少しにおう	③	ない	④	つんとにおう
水を蒸発させたときの様子	⑤	何も出てこない	⑥	白い固体が出る	何も出てこない

● 表の①〜⑥にあてはまる言葉を、下の〔 〕から選んで書きましょう。

〔　色がなくとうめい　　あわが出ている　　少しにおう　　ない
　つんとにおう　　何も出てこない　　白い固体が出る　　　〕

まとめ　〔 性質　におい　蒸発 〕から選んで（　）に書きましょう。

● 水溶液には、見た様子や①（　　　　　）、水を②（　　　　　）させたときの様子など、いろいろな③（　　　　　）のちがいがある。

 わくわくたんてい団　身のまわりには、たくさんの液体がありますが、すべてが水溶液というわけではありません。牛乳や書道で使うぼくじゅうなどは液体ですが、水溶液ではありません。

練習のワーク

教科書 150〜156ページ　　答え 20ページ

1 水溶液を取りあつかうときに気をつけることについて、次の問いに答えましょう。

(1) 図1のように、保護眼鏡をかけるのはなぜですか。ア、イから選びましょう。　　　　　　　　　　（　　　　）

　ア　水溶液のちがいが、よく見えるようにするため。

　イ　液が飛び散ることのある実験で、目を保護するため。

(2) 図2は、気体が発生する実験で注意することについて表したものです。この図で気をつけていることを、ア〜ウから選びましょう。　　　　　　　　　　　　（　　　　）

　ア　温度　　イ　かん気　　ウ　明るさ

図1

(3) 水溶液の取りあつかい方として正しいものに2つ〇をつけましょう。

　①（　　　）使い終わった水溶液は、大量の水道水とともに流すようにする。

　②（　　　）水溶液は、直接さわったりなめたりしない。

　③（　　　）水溶液が目に入ったら、すぐに大量の水でよく洗う。

　④（　　　）水溶液のにおいを調べるときは、鼻を近づけて直接かぐ。

図2

2 右の図のように、うすい塩酸、炭酸水、食塩水、石灰水、うすいアンモニア水を使って、その性質のちがいを調べました。次の問いに答えましょう。

(1) あわが出ている水溶液はどれですか。ア〜オから選びましょう。　　　　（　　　　）

　ア　うすい塩酸

　イ　炭酸水

　ウ　食塩水

　エ　石灰水

　オ　うすいアンモニア水

(2) 少しにおう水溶液とつんとにおう水溶液はどれですか。それぞれ(1)のア〜オから選びましょう。

　　　　少しにおう水溶液（　　　　）

　　　　つんとにおう水溶液（　　　　）

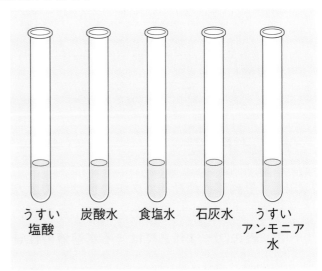

うすい　炭酸水　食塩水　石灰水　うすい
塩酸　　　　　　　　　　　　　　アンモニア
　　　　　　　　　　　　　　　　水

(3) 水を蒸発させたときに、何も出てこない水溶液を、(1)のア〜オから3つ選びましょう。

　　　　　　　　（　　　　）（　　　　）（　　　　）

(4) 二酸化炭素をふれさせたとき、白くにごる水溶液を、(1)のア〜オから選びましょう。

　　　　　　　　　　　　　　　　　（　　　　）

勉強した日　月　日

1　水溶液の性質②

基本のワーク

学習の目標・
リトマス紙を使って、いろいろな水溶液の性質を調べよう。

教科書　157～159ページ　答え　20ページ

図を見て、あとの問いに答えましょう。

1　リトマス紙の色の変化

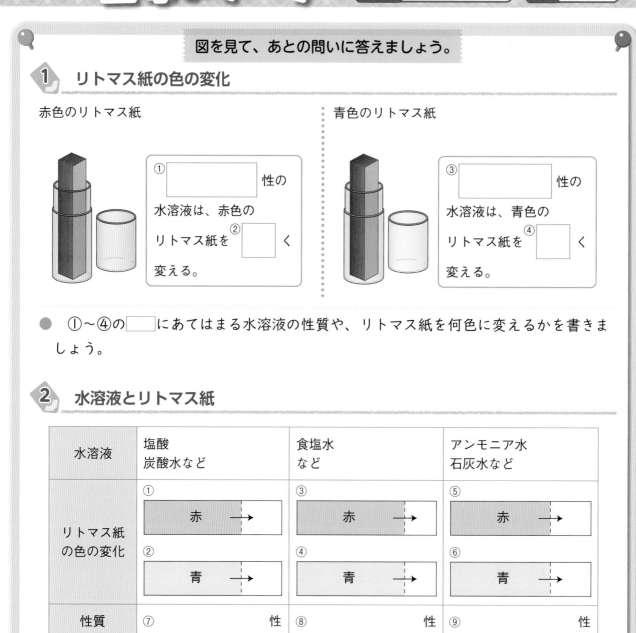

赤色のリトマス紙

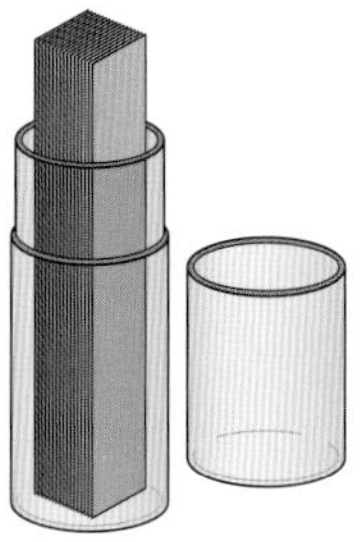

①（　　　　）性の水溶液は、赤色のリトマス紙を②（　　）く変える。

青色のリトマス紙

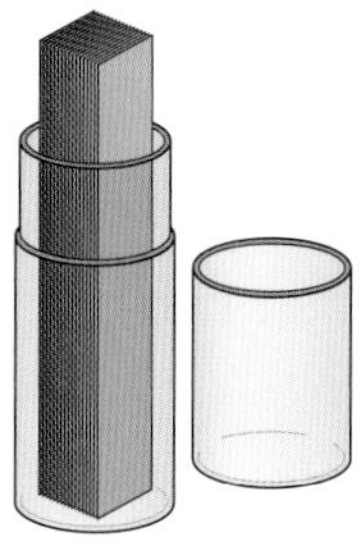

③（　　　　）性の水溶液は、青色のリトマス紙を④（　　）く変える。

● ①～④の□にあてはまる水溶液の性質や、リトマス紙を何色に変えるかを書きましょう。

2　水溶液とリトマス紙

水溶液	塩酸 炭酸水など	食塩水 など	アンモニア水 石灰水など
リトマス紙の色の変化	① 赤 → ② 青 →	③ 赤 → ④ 青 →	⑤ 赤 → ⑥ 青 →
性質	⑦　　性	⑧　　性	⑨　　性

(1)　それぞれのリトマス紙の色はどのようになりますか。①～⑥のリトマス紙の右側を、赤か青にぬりましょう。
(2)　表の⑦～⑨にあてはまる水溶液の性質を書きましょう。

まとめ　〔リトマス紙　中性〕から選んで（　）に書きましょう。

● 水溶液の性質のちがいは、①（　　　　）を使って調べることができる。
● ②（　　　　）の水溶液は、どちらのリトマス紙の色も変化させない。

わくわくたんてい団　リトマス紙だけでなく、ムラサキキャベツ、バラやアサガオの花びら、赤ジソの葉などから作った液でも、酸性、中性、アルカリ性を調べることができます。

練習のワーク

できた数 /10問中

教科書 157〜159ページ　答え 20ページ

1 リトマス紙を使った水溶液の調べ方について、次の問いに答えましょう。

(1) リトマス紙を取り出すときに使う道具㋐は何ですか。次のア〜ウから選びましょう。 (　　)

ア ガラス棒(ぼう)　イ 温度計

ウ ピンセット

(2) 調べたい水溶液をリトマス紙につけるときに使う道具㋑は何ですか。(1)のア〜ウから選びましょう。 (　　)

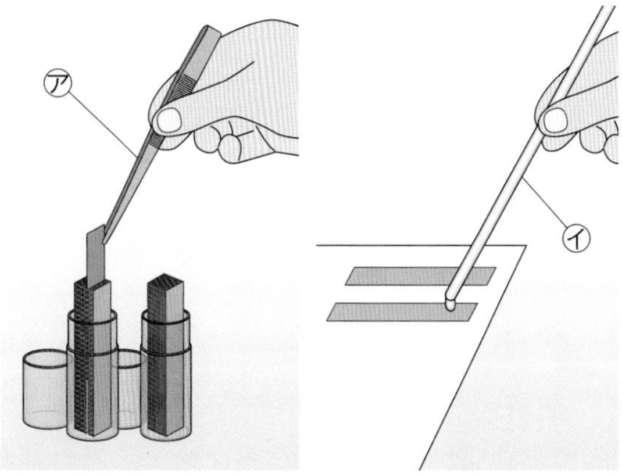

(3) ㋑を使うときに注意することは何ですか。次のア〜ウから選びましょう。 (　　)

ア 何度か使う場合、全ての実験が終わってから洗う。

イ 調べる水溶液ごとによく洗い、水をつけたまま使う。

ウ 調べる水溶液ごとによく洗ったあと、かわいた布でふいてから使う。

(4) リトマス紙を使うと、水溶液をいくつに分けることができますか。 (　　)

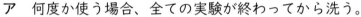

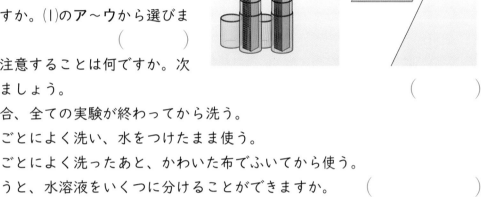

2 うすい塩酸、炭酸水、食塩水、石灰水、うすいアンモニア水のそれぞれの性質を、リトマス紙を使って調べました。あとの問いに答えましょう。

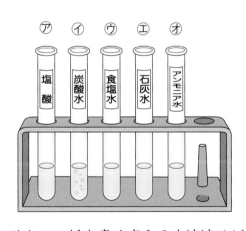

(1) 赤色のリトマス紙を青く変える水溶液はどれですか。㋐〜㋔からすべて選びましょう。 (　　)

(2) (1)の水溶液は、何性の水溶液ですか。 (　　)

(3) 青色のリトマス紙を赤く変える水溶液はどれですか。㋐〜㋔からすべて選びましょう。 (　　)

(4) (3)の水溶液は、何性の水溶液ですか。 (　　)

(5) 赤色のリトマス紙の色も青色のリトマス紙の色も変えない水溶液はどれですか。㋐〜㋔から選びましょう。 (　　)

(6) (5)の水溶液は、何性の水溶液ですか。 (　　)

1　水溶液の性質③

基本のワーク

教科書 160～162ページ　答え 20ページ

学習の目標・
実験を通して、水溶液にとける気体について理解しよう。

図を見て、あとの問いに答えましょう。

① 炭酸水から出ている気体

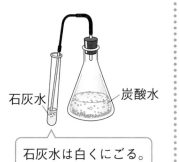

石灰水　　　炭酸水

石灰水は白くにごる。

炭酸水には、① [　　　　　] がとけている。

水で満たしたペットボトルに二酸化炭素を半分ほどためる。

水　　よくふる。

二酸化炭素のボンベ

ペットボトルが② [　　　　] 。

二酸化炭素は水に③ [　　　] 。

(1)　①の [　] にあてはまる気体の名前を書きましょう。

(2)　②の [　] にあてはまる言葉を書きましょう。

(3)　③の [　] に、とけるかとけないかを書きましょう。

② 気体がとけている水溶液

水溶液	水を蒸発させたときの様子
食塩水	白い固体が出る
石灰水	白い固体が出る
うすい塩酸	①
炭酸水	②
うすいアンモニア水	③

固体がとけている水溶液

④ [　　　] がとけている水溶液

(塩酸…塩化水素がとけている。
炭酸水…二酸化炭素がとけている。
アンモニア水…アンモニアがとけている。)

(1)　表の①～③に、何も出てこないか、白い固体が出るかを書きましょう。

(2)　④の [　] にあてはまる言葉を書きましょう。

まとめ　〔 気体　二酸化炭素 〕から選んで（　）に書きましょう。

●塩酸、炭酸水、アンモニア水には、①（　　　　　）がとけている。

●炭酸水にとけている気体は、②（　　　　　）である。

わくわくたんてい団　アルカリ性のアルカリとは、植物の灰を意味する言葉に由来しています。植物の灰を水にとかしたとき、アルカリ性の性質を示したことが始まりだそうです。

1 気体がとけた水溶液について、次の問いに答えましょう。

(1) 図1のように、炭酸水から出ている気体を、試験管に入れた石灰水にふれさせました。石灰水はどのようになりますか。
（　　　　　　　　　　）

(2) (1)の結果より、炭酸水から出ている気体は何であるとわかりますか。（　　　　　　　　　　）

(3) 図2のように、水で満たしたペットボトルに半分ほど二酸化炭素をため、ふたをしてからよくふりました。ペットボトルはどのようになりますか。（　　　　　　　　　　）

(4) (3)のようになったのは、二酸化炭素がどのようになったからですか。（　　　　　　　　　　）

(5) (3)のとき、ペットボトルの中にできた水溶液は何ですか。
（　　　　　　　　　　）

(6) 水溶液にとけているものについて、正しいものをア〜ウから選びましょう。（　　　　　　　　　　）

　ア　水溶液には、固体がとけているものしかない。

　イ　水溶液には、気体がとけているものしかない。

　ウ　水溶液には、固体がとけているもののほかに、気体がとけているものもある。

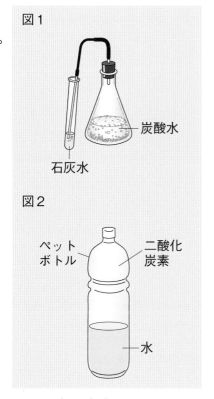

図1

石灰水 / 炭酸水

図2

ペットボトル / 二酸化炭素 / 水

2 右の図のようにして、食塩水、炭酸水、石灰水、うすい塩酸、うすいアンモニア水から水を蒸発させました。次の問いに答えましょう。

(1) 水を蒸発させたとき、スライドガラスに白い固体が出る水溶液はどれですか。2つ選び、名前を書きましょう。
（　　　　　　　　　　）
（　　　　　　　　　　）

(2) 水を蒸発させたとき、スライドガラスに何も出てこない水溶液はどれですか。3つ選び、名前を書きましょう。
（　　　　　　　　　　）
（　　　　　　　　　　）
（　　　　　　　　　　）

(3) うすい塩酸、炭酸水、うすいアンモニア水のそれぞれの水溶液にとけている気体は何ですか。ア〜ウから選びましょう。
うすい塩酸（　　　　　）
炭酸水（　　　　　）
うすいアンモニア水（　　　　　）

　ア　二酸化炭素　　イ　アンモニア　　ウ　塩化水素

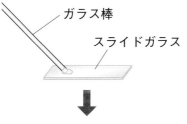

ガラス棒 / スライドガラス

↓

窓ぎわなどで、自然に水を蒸発させる。

調べたい水溶液

ラベル / 食塩水

スライドガラス

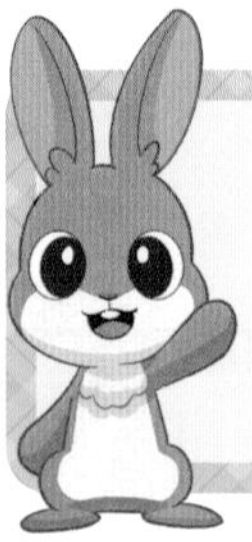

まとめのテスト①

勉強した日　月　日

8　水溶液

時間 20分

得点　/100点

教科書 150〜162ページ　答え 21ページ

よく出る

1 **水溶液のちがい** **石灰水、炭酸水、食塩水、うすいアンモニア水、うすい塩酸について、見た様子やにおいを調べ、右の表にまとめました。次の問いに答えましょう。** 1つ4〔36点〕

水溶液	見た様子やにおい
①	あわが出ている。
②	少しにおう。
③	色がなくとうめい。
④	つんとにおう。
⑤　食塩水	色がなくとうめい。

(1) ①〜④の水溶液はそれぞれ何ですか。表に書きましょう。

(2) 水を蒸発させたとき、白い固体が出てくる水溶液はどれですか。表の①〜⑤からすべて選びましょう。(　　　)

(3) 水を蒸発させたとき、何も出てこない水溶液はどれですか。表の①〜⑤からすべて選びましょう。(　　　)

(4) 気体がとけている水溶液はどれですか。表の①〜⑤からすべて選びましょう。(　　　)

(5) ①の水溶液から出ているあわを石灰水にふれさせました。石灰水はどのようになりますか。(　　　)

(6) (5)の結果から、①の水溶液には何がとけていることがわかりますか。(　　　)

2 **水溶液の取りあつかい方** **次の①〜⑧の文で、正しいものには○、まちがっているものには×をつけましょう。** 1つ2〔16点〕

①(　　)水溶液を調べるときに使うガラス棒は、調べる水溶液ごとによく洗う。

②(　　)気体が発生する実験をするときには、必ずかん気する。

③(　　)保護眼鏡は、水溶液の色がよく見えないときだけに使う。

④(　　)水溶液のにおいは、鼻を近づけて直接かぐ。

⑤(　　)水溶液に、直接ふれてはいけない。

⑥(　　)試験管には、ラベルなどをはってはいけない。

⑦(　　)使い終わった水溶液は、そのまま流しに捨(す)てる。

⑧(　　)水溶液が手などについたときは、すぐに大量の水でよく洗い流す。

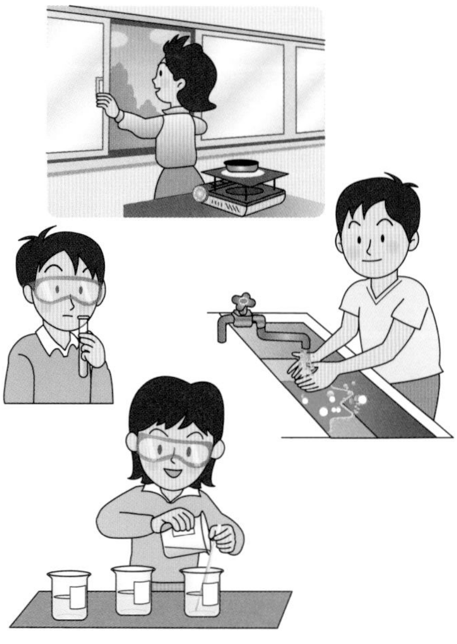

[3] [水溶液の仲間分け] うすい塩酸、炭酸水、食塩水、石灰水、うすいアンモニア水の性質を調べました。あとの問いに答えましょう。 1つ2〔36点〕

図1 ㋐ ㋑ ㋒ ㋓ ㋔

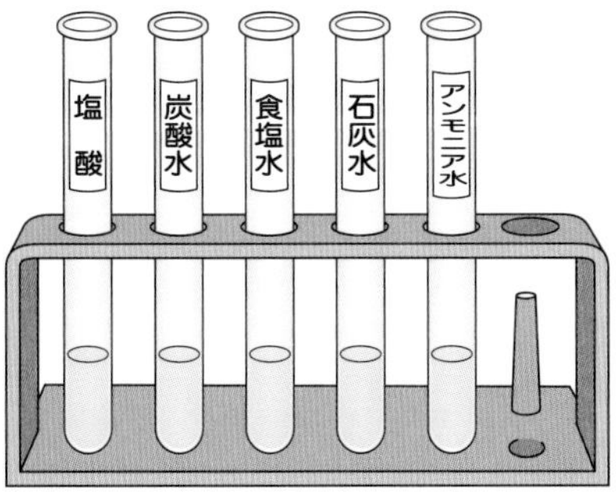

塩酸
炭酸水
食塩水
石灰水
アンモニア水

図2

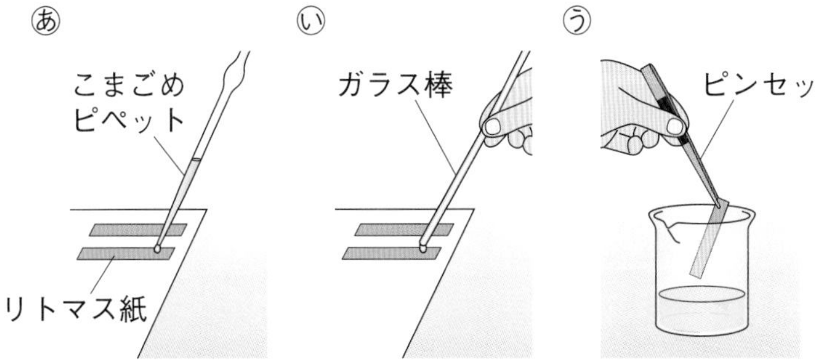

[あ]
[い]
[う]
こまごめピペット
ガラス棒
ピンセット
リトマス紙

(1) 水溶液をリトマス紙につける方法を、図2の[あ]～[う]から選びましょう。 (　　　)

(2) ㋐～㋔の水溶液を赤色のリトマス紙につけると、赤色リトマス紙はどのようになりますか。それぞれ次のア、イから選びましょう。

㋐(　　　) ㋑(　　　) ㋒(　　　) ㋓(　　　) ㋔(　　　)

ア　青色に変わる。　　イ　色が変化しない。

(3) ㋐～㋔の水溶液を青色のリトマス紙につけると、青色リトマス紙はどのようになりますか。それぞれ次のア、イから選びましょう。

㋐(　　　) ㋑(　　　) ㋒(　　　) ㋓(　　　) ㋔(　　　)

ア　赤色に変わる。　　イ　色が変化しない。

(4) ㋐～㋔の水溶液は、それぞれ何性の水溶液ですか。

㋐(　　　　　) ㋑(　　　　　) ㋒(　　　　　)
㋓(　　　　　) ㋔(　　　　　)

(5) 水溶液にとけているものを調べました。塩化水素、アンモニアがとけている水溶液はそれぞれどれですか。㋐～㋔から選びましょう。 塩化水素(　　　)
アンモニア(　　　)

[4] [気体がとけている水溶液] 次の図のように、水で満たしたペットボトルに半分ほど二酸化炭素をため、ふたをしてから取り出しました。あとの問いに答えましょう。 1つ4〔12点〕

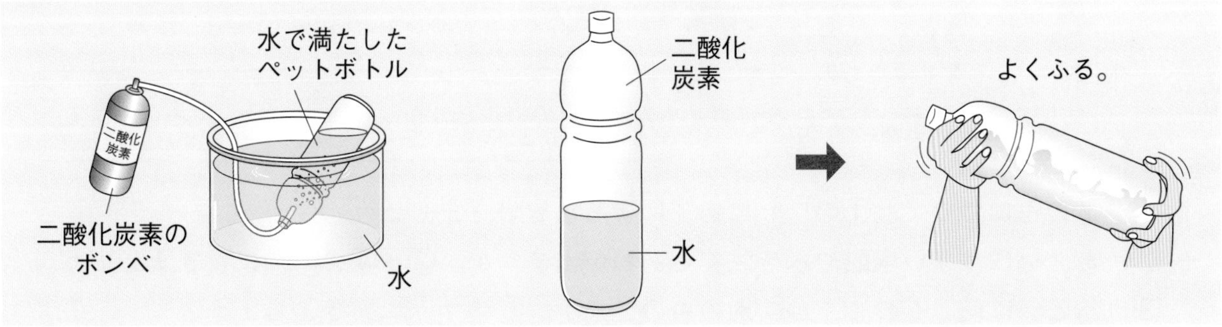

水で満たしたペットボトル
二酸化炭素
二酸化炭素のボンベ
水
二酸化炭素
水
よくふる。

(1) ふたをしたペットボトルをよくふると、ペットボトルはどのように変化しますか。
(　　　　　　　　　　)

[記述] (2) (1)のようになったのは、なぜですか。
(　　　　　　　　　　　　　　　　　　　　)

(3) ペットボトルをふったあとにできた水溶液を何といいますか。 (　　　　　)

2　水溶液のはたらき

基本のワーク

学習の目標
金属に水溶液を注いだときの変化を理解しよう。

教科書 163～171ページ　　答え 22ページ

図を見て、あとの問いに答えましょう。

1　水溶液のはたらき

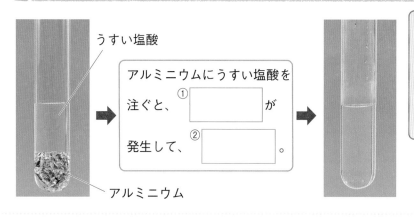

うすい塩酸

アルミニウムにうすい塩酸を注ぐと、① [　　　] が

発生して、② [　　　] 。

アルミニウム

塩酸は、鉄をとかすこともできるんだ。アルミニウムのかわりにスチールウール（鉄）を入れると、あわを出してとけるのが観察できるよ。

● 　うすい塩酸をアルミニウムに注ぐと、どのようになりますか。①、②の[　]にあてはまる言葉を書きましょう。

2　うすい塩酸にとけたアルミニウム

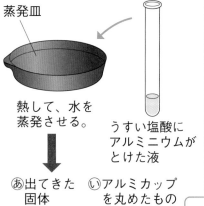

蒸発皿

熱して、水を蒸発させる。

うすい塩酸にアルミニウムがとけた液

⃝あ出てきた固体

⃝いアルミカップを丸めたもの

	⃝あ	⃝い
色	① [　] 色	銀色
うすい塩酸へのとけ方	とける。あわが② [　] 。	とける。あわが③ [　] 。
水へのとけ方	とける。あわが④ [　] 。	とけない。

出てきたものは、元のアルミニウムとは⑤ [　] ものである。

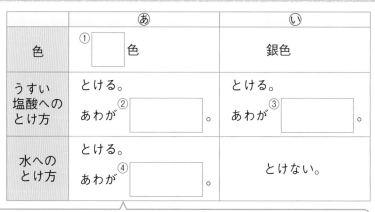

(1)　⃝あの色について、①の[　]にあてはまる色を書きましょう。

(2)　⃝あ、⃝いにうすい塩酸や水を注ぐとあわが出ますか。②～④の[　]に書きましょう。

(3)　⃝あと⃝いは同じものですか、別のものですか。⑤の[　]に書きましょう。

まとめ　〔 別のもの　金属 〕から選んで（　）に書きましょう。

● アルミニウムはうすい塩酸にとけて、性質のちがう①（　　　　　　　）に変化する。
● 水溶液には、②（　　　　　　　）をとかし、性質のちがう別のものに変えるものがある。

わくわくたんてい団　温泉水が流れこんで魚が生息できないほどの強い酸性の水が流れる川があります。アルカリ性の石灰石の粉を川の水に混ぜることで、環境の整備が行われています。

練習のワーク

教科書 163〜171ページ　答え 22ページ

1 右の図のように、アルミカップ(アルミニウム)に、うすい塩酸を加える実験を行いました。次の問いに答えましょう。

(1) アルミカップを丸めたものを入れた試験管に、うすい塩酸を加えるときに使う㋐の器具を何といいますか。

（　　　　　　　）

(2) うすい塩酸を加えると、アルミカップはどのようになりますか。次の**ア**〜**ウ**から選びましょう。　（　　　）

ア　気体が発生してとける。

イ　気体が発生しないでとける。

ウ　変化しない。

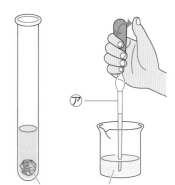

アルミカップ　うすい塩酸

2 アルミニウムを入れた試験管にうすい塩酸を注ぐと、アルミニウムはあわを出してとけました。次の問いに答えましょう。

(1) アルミニウムがとけた液の水を蒸発させる方法として、正しいものを**ア**〜**エ**から2つ選びましょう。

（　　　）（　　　）

ア　液を蒸発皿に半分くらい入れ、強火で加熱する。

イ　液を蒸発皿に少量入れ、弱火で加熱する。

ウ　火は、水が全てなくなってから消す。

エ　液がかわきそうになったら、火を消し余熱で残りの水を蒸発させる。

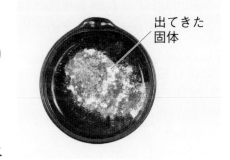

出てきた固体

(2) アルミニウムがとけた液の水を蒸発させると、図のような固体が出てきました。この固体は何色をしていますか。**ア**〜**ウ**から選びましょう。　（　　　）

ア　白色

イ　黄色

ウ　銀色

(3) 図の固体にうすい塩酸を注ぐと、どのようになりますか。**ア**〜**ウ**から選びましょう。

（　　　）

ア　あわを出してとける。

イ　あわを出さずにとける。

ウ　とけない。

(4) アルミニウムは水にとけますか。　（　　　　　　　）

(5) 図の固体は、水にとけますか。　（　　　　　　　）

(6) 図の固体は、アルミニウムと同じものといえますか。　（　　　　　　　）

記述 (7) この実験から、うすい塩酸にはどのようなはたらきがあるとわかりますか。

（　　　　　　　　　　　　　　　　）

まとめのテスト②

8 水溶液

1 水溶液と金属 アルミニウムを試験管に入れ、うすい塩酸を注ぎました。あとの問いに答えましょう。

1つ4〔16点〕

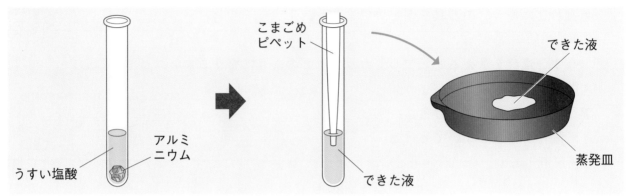

こまごめピペット

できた液

うすい塩酸 アルミニウム できた液 蒸発皿

(1) アルミニウムにうすい塩酸を注ぐと、どのようになりますか。
（　　　　　　　　　　　　）

(2) (1)でできた液を蒸発皿にとり、水を蒸発させると、固体が出てきました。この固体にうすい塩酸を注ぐと、どのようになりますか。
（　　　　　　　　　　　　）

(3) (2)で出てきた固体は、アルミニウムと同じものですか、別のものですか。
（　　　　　　　　　　　　）

記述 ▶ (4) この実験から、アルミニウムが塩酸によってどのようになったことがわかりますか。
（　　　　　　　　　　　　）

2 水溶液と金属 右の図のように、アルミニウムがうすい塩酸にとけた液から水を蒸発させて、出てきたものと、アルミニウムを比べました。次の問いに答えましょう。 1つ6〔18点〕

(1) アルミニウムの見た様子を、ア〜エから選びましょう。 （　　　）
　ア 銀色でつやがある。
　イ 銀色でつやがない。
　ウ 白色でつやがある。
　エ 白色でつやがない。

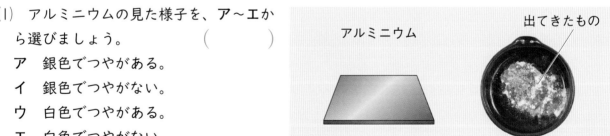

アルミニウム 出てきたもの

(2) 出てきたものの見た様子を、(1)のア〜エから選びましょう。 （　　　）

(3) 出てきたものとアルミニウムをそれぞれ試験管に入れ、水を注いだときの様子をア〜エから選びましょう。 （　　　）
　ア どちらもとける。
　イ アルミニウムはとけるが、出てきたものはとけない。
　ウ 出てきたものはとけるが、アルミニウムはとけない。
　エ どちらもとけない。

3 **水溶液と金属** **次の図のように、さまざまなものがとけた４種類の液体をそれぞれ蒸発皿に入れ、熱しました。あとの問いに答えましょう。** 1つ6〔30点〕

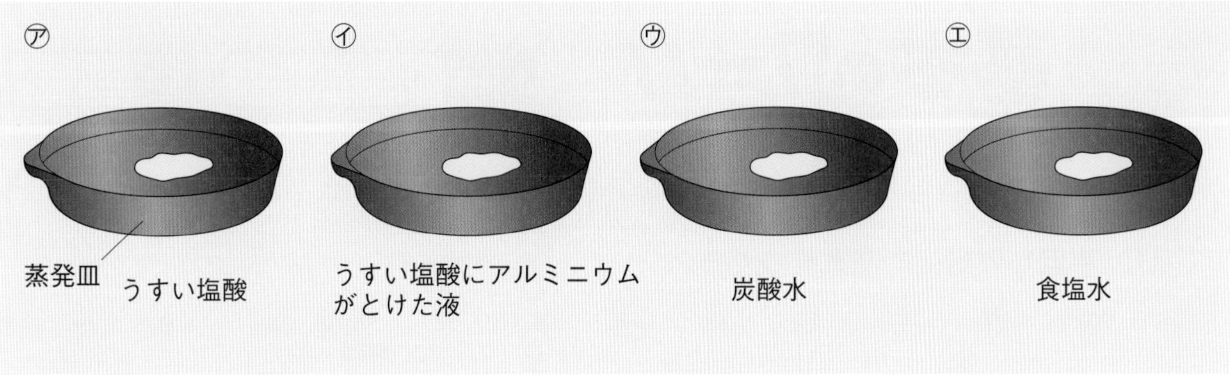

(1) 蒸発皿に入れた液体を熱するときに気をつけることは何ですか。次のア～エから２つ選びましょう。 (　　)(　　)

ア 蒸発皿を強火で熱する。

イ 蒸発皿を弱火で熱する。

ウ 液がかわきそうになったら火を消す。

エ 液がしっかりかわいてから火を消す。

(2) 熱したあとの蒸発皿に、何も残らないものはどれですか。㋐～㋓から２つ選びましょう。 (　　)(　　)

[チャレンジ!] (3) 熱したあとの蒸発皿に、とけているものとは別のものが残るのはどれですか。㋐～㋓から選びましょう。 (　　)

[チャレンジ!] **4** **水溶液と金属** **右の図のように、アルミニウムを試験管の中に入れ、㋐にはうすい塩酸を、㋑にはうすい水酸化ナトリウム水溶液を注ぎました。次の問いに答えましょう。** 1つ6〔36点〕

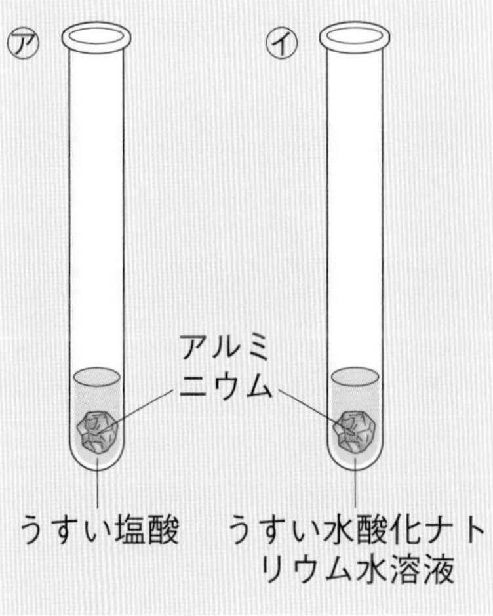

(1) 塩酸と水酸化ナトリウム水溶液は、それぞれ何性の水溶液ですか。

塩酸(　　)

水酸化ナトリウム水溶液(　　)

(2) ㋐と㋑のアルミニウムは、どのようになりますか。それぞれ次のア～エから選びましょう。

㋐(　　)

㋑(　　)

ア 変化が見られない。

イ 気体が発生せずにとける。

ウ 気体が発生してとける。

エ 気体は発生するが、とけない。

(3) 水溶液の性質について、正しいものは次のア、イのどちらですか。 (　　)

ア 酸性の水溶液には金属をとかすものがあるが、アルカリ性の水溶液には金属をとかすものはない。

イ 酸性の水溶液にも、アルカリ性の水溶液にも金属をとかすものがある。

[記述] (4) トイレ用洗剤には塩酸が使われているものがあり、金属製品には使わないように注意書きがあります。その理由を書きましょう。

(　　)

1　電気をつくる

基本のワーク

学習の目標
電気をつくる方法について理解しよう。

教科書 172〜177ページ　　答え 23ページ

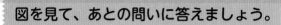

図を見て、あとの問いに答えましょう。

1 手回し発電機で電気をつくる

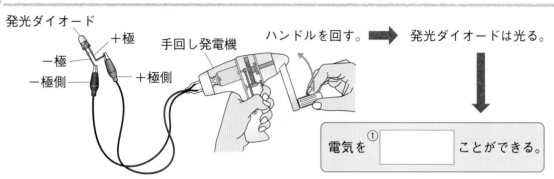

発光ダイオード
＋極
ー極
ー極側
＋極側
手回し発電機

ハンドルを回す。 ➡ 発光ダイオードは光る。

電気を①□□□□ことができる。

ハンドルを逆に回すと、発光ダイオードは
②(光る　光らない)。
ハンドルを回す速さをおそくしていくと、発光ダイオードの光は③(明るく　暗く)なっていく。

手回し発電機に豆電球をつないでハンドルを回すと、豆電球は光る。
ハンドルを逆に回すと、電流の向きが
④(変わる　変わらない)。

(1)　①の□にあてはまる言葉を書きましょう。

(2)　②〜④の( )のうち、正しいほうを◯で囲みましょう。

2 光電池で電気をつくる

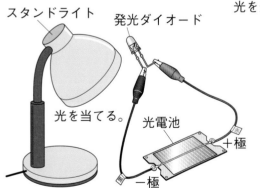

スタンドライト
発光ダイオード
光を当てる。
光電池
＋極
ー極

光を当てる。 ➡ 発光ダイオードは光る。

①□□□□をつくることができる。

光電池に当てる光を弱くすると、
発光ダイオードの光は
②(明るく　暗く)なる。

(1)　①の□にあてはまる言葉を書きましょう。

(2)　②の( )のうち、正しいほうを◯で囲みましょう。

まとめ　〔 電気　光電池 〕から選んで( )に書きましょう。

●手回し発電機のハンドルを回したり、①(　　　　　　)に光を当てたりすると、
②(　　　　　　)をつくることができる。

わくわくたんてい団　赤色の発光ダイオードは、1962年に開発されました。その後、日本人の研究者が開発した、青色の発光ダイオードの登場で、いろいろな色の光を出せるようになりました。

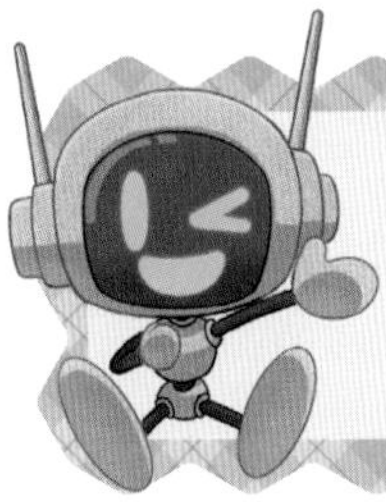

練習のワーク

教科書 172〜177ページ　答え 23ページ

できた数　/10問中

1 図１の器具に発光ダイオードをつないで、図２の矢印の向きにハンドルを回すと、発光ダイオードが光りました。あとの問いに答えましょう。

図１

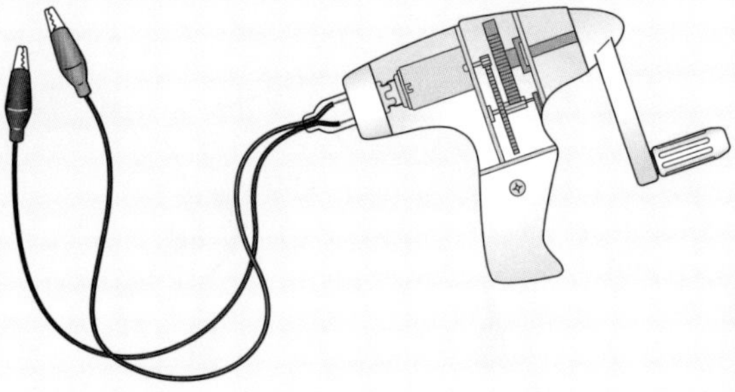

図２

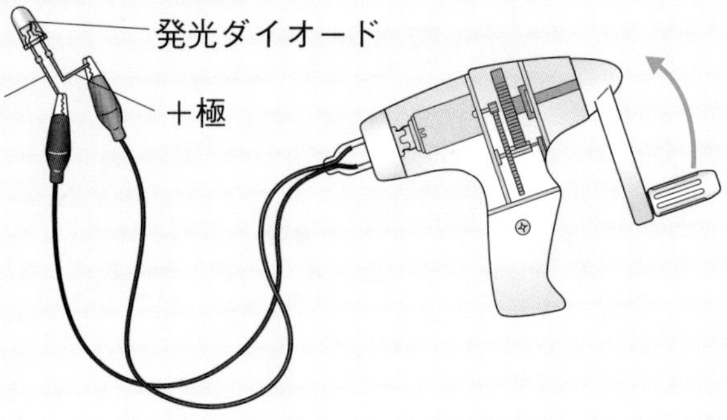

(1) 図１の器具を何といいますか。（　　　）

(2) 発光ダイオードの＋極は、図１の器具のどちら側の導線とつなぎますか。ア、イから選びましょう。（　　）

ア　＋極側　　イ　－極側

(3) 図１の器具を使うと電気をつくることができますか。（　　　）

(4) 図２の矢印とはハンドルを逆に回すと、発光ダイオードは光りますか。（　　　）

(5) 図２のときより、発光ダイオードの光を暗くするにはどうすればよいですか。ア、イから選びましょう。（　　）

ア　ハンドルを回す速さを速くする。

イ　ハンドルを回す速さをおそくする。

(6) 図１の器具に豆電球をつなぎハンドルを回すと、明かりがつきました。このとき、ハンドルを逆に回すと、回路を流れる電流の向きはどうなりますか。（　　　）

2 右の図のように、㋐の器具にスタンドライトの光を当てたところ、発光ダイオードが光りました。次の問いに答えましょう。

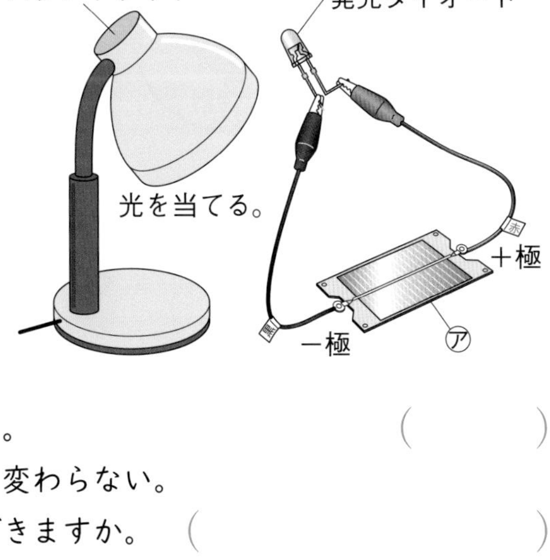

(1) ㋐の器具を何といいますか。（　　　）

(2) 発光ダイオードにつなぐ㋐の極を入れかえると、発光ダイオードは光りますか。（　　　）

(3) ㋐に当てる光を強くすると、発光ダイオードの光はどうなりますか。次のア〜ウから選びましょう。（　　）

ア　明るくなる。　　イ　暗くなる。　　ウ　変わらない。

(4) ㋐の器具でつくられる電気の量を変えることはできますか。（　　　）

2 電気をためて使う

基本のワーク

学習の目標・
ためた電気は、光や音などに変えて使われることを理解しよう。

教科書 178〜183ページ | 答え 23ページ

図を見て、あとの問いに答えましょう。

① ためた電気を使う

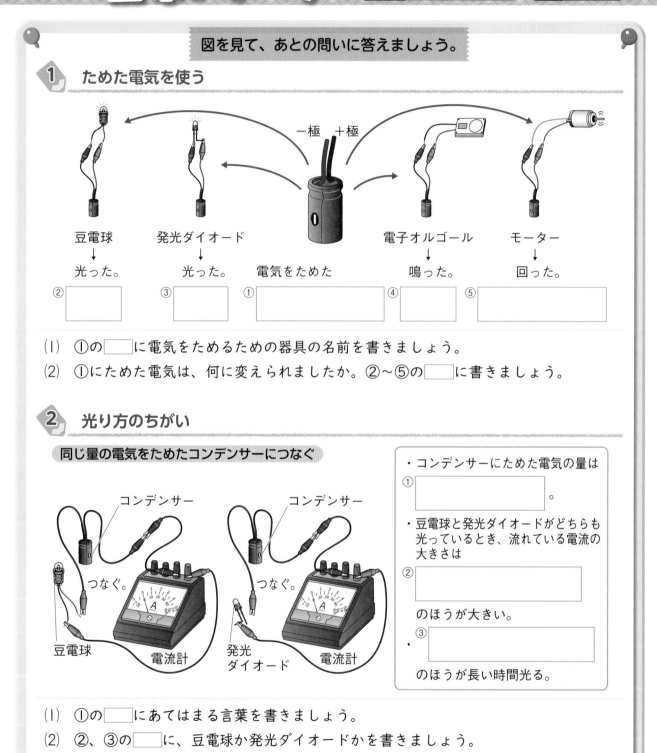

豆電球 → 光った。　②□

発光ダイオード → 光った。　③□

一極 ＋極　電気をためた　①□

電子オルゴール → 鳴った。　④□

モーター → 回った。　⑤□

(1) ①の□に電気をためるための器具の名前を書きましょう。

(2) ①にためた電気は、何に変えられましたか。②〜⑤の□に書きましょう。

② 光り方のちがい

同じ量の電気をためたコンデンサーにつなぐ

コンデンサー　つなぐ。　豆電球　電流計

コンデンサー　つなぐ。　発光ダイオード　電流計

・コンデンサーにためた電気の量は
①□。

・豆電球と発光ダイオードがどちらも光っているとき、流れている電流の大きさは
②□
のほうが大きい。

・③□
のほうが長い時間光る。

(1) ①の□にあてはまる言葉を書きましょう。

(2) ②、③の□に、豆電球か発光ダイオードかを書きましょう。

まとめ 〔電気の量　光　音〕から選んで（　）に書きましょう。

● 電気は、①（　　　　　）や②（　　　　　）などに変えることができる。

● ものによって、使う③（　　　　　）がちがう。

わくわくたんてい団　電気は、光、音、熱、回転する動きなどに変えられます。反対に、発電所では回転する動きを電気に、光電池は光を電気に変えています。音や熱も電気に変えられます。

練習のワーク

できた数

／6問中

教科書 178〜183ページ 答え 23ページ

1 電気をためたコンデンサーにいろいろなものをつなぎました。あとの問いに答えましょう。

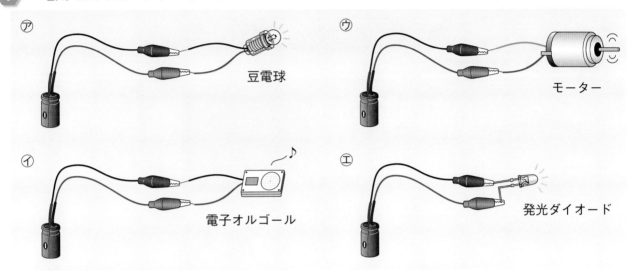

㋐ 豆電球

㋒ モーター

㋑ 電子オルゴール

㋓ 発光ダイオード

(1) 電気が光に変えられたものを、㋐〜㋓からすべて選び、記号で答えましょう。
（　　　　　）

(2) 電気が回転する動きに変えられたものを、㋐〜㋓から選び、記号で答えましょう。
（　　　　　）

(3) 電気が音に変えられたものを、㋐〜㋓から選び、記号で答えましょう。 （　　　　　）

2 同じ量の電気をためたコンデンサーに、豆電球と発光ダイオードをつないで、ちがいを調べました。あとの問いに答えましょう。

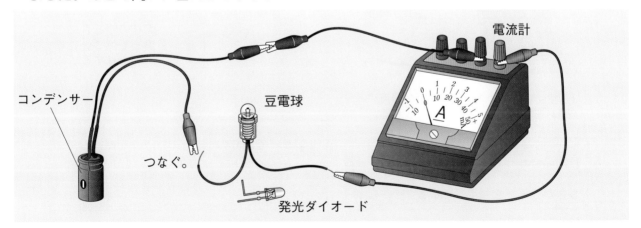

電流計

コンデンサー 豆電球

つなぐ。

発光ダイオード

(1) より小さな電流で光るのは、豆電球と発光ダイオードのどちらですか。
（　　　　　）

(2) 光っている時間が短いのは、豆電球と発光ダイオードのどちらですか。
（　　　　　）

(3) (2)のように、光っている時間がちがうのはなぜですか。次の文の（　）にあてはまる言葉を書きましょう。

豆電球と発光ダイオードでは、使う（　　　　　　　　）がちがうから。

学習の目標
身のまわりで利用している電気の性質やはたらきを理解しよう。

3　身のまわりの電気①

基本のワーク

教科書 184〜186ページ　答え 24ページ

図を見て、あとの問いに答えましょう。

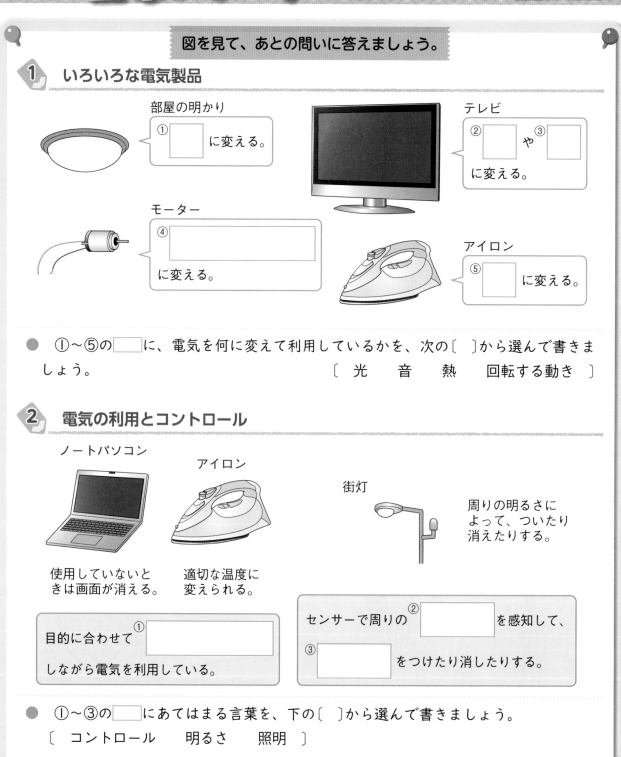

① いろいろな電気製品

部屋の明かり
① [　] に変える。

テレビ
② [　] や ③ [　] に変える。

モーター
④ [　] に変える。

アイロン
⑤ [　] に変える。

● ①〜⑤の[　]に、電気を何に変えて利用しているかを、次の〔　〕から選んで書きましょう。
〔　光　音　熱　回転する動き　〕

② 電気の利用とコントロール

ノートパソコン
使用していないときは画面が消える。

アイロン
適切な温度に変えられる。

街灯
周りの明るさによって、ついたり消えたりする。

目的に合わせて① [　] しながら電気を利用している。

センサーで周りの② [　] を感知して、③ [　] をつけたり消したりする。

● ①〜③の[　]にあてはまる言葉を、下の〔　〕から選んで書きましょう。
〔　コントロール　明るさ　照明　〕

まとめ　〔 コントロール　変えたり　ためたり 〕から選んで（　）に書きましょう。
● 電気は、つくったり、①（　　　）、光や熱などに②（　　　）して利用されている。
● 電気は目的に合わせて③（　　　）しながら利用されている。

86　わくわくたんてい団　サーモスタットは、温度によって金属の体積が変わる性質を利用し、器具が設定した温度を保つよう調節する装置です。電気を熱に変えるアイロン、こたつなどに利用されています。

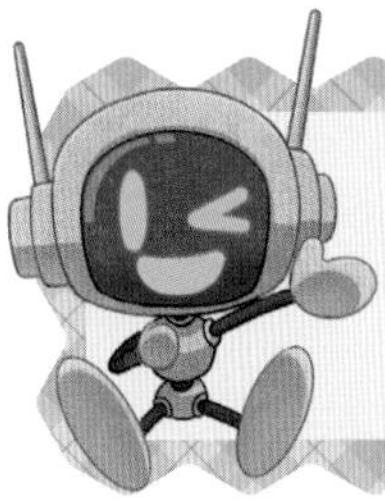

練習のワーク

できた数　／7問中

教科書 184～186ページ　答え 24ページ

1 身のまわりにある、いろいろな電気製品について、あとの問いに答えましょう。

㋐電磁調理器

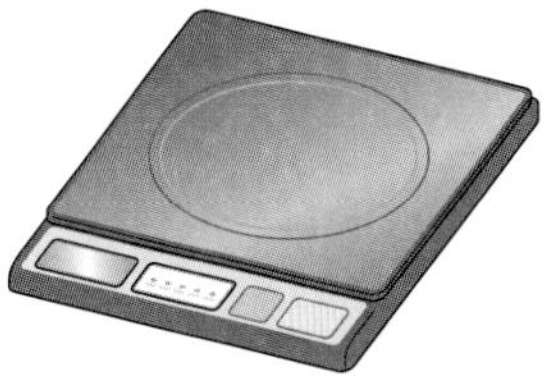

㋑電気ポット

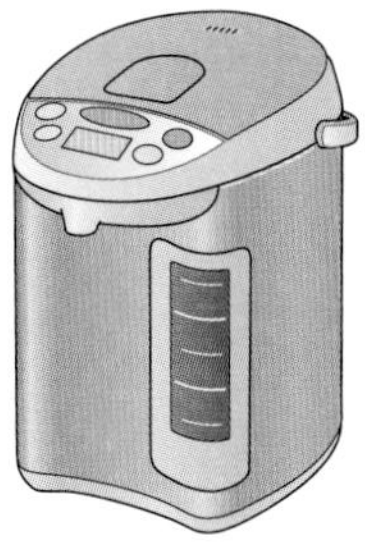

㋒アイロン

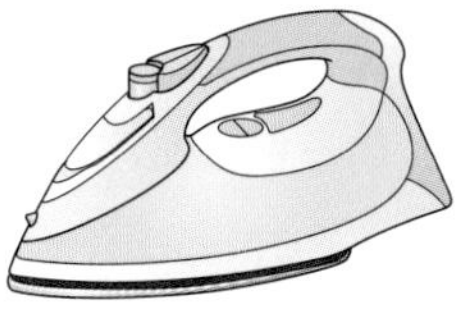

㋓電灯

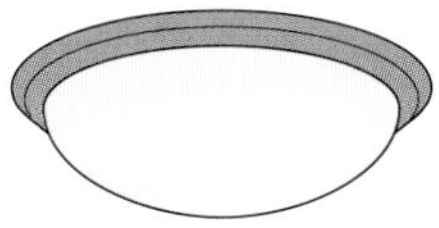

㋔テレビ

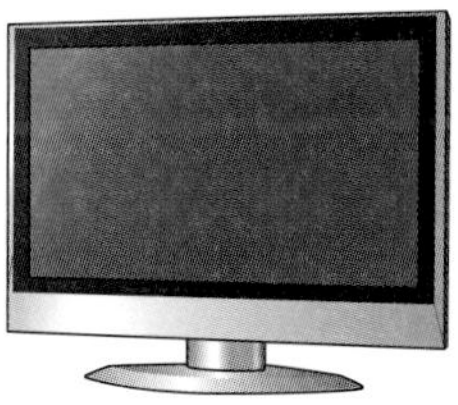

㋕そうじ機

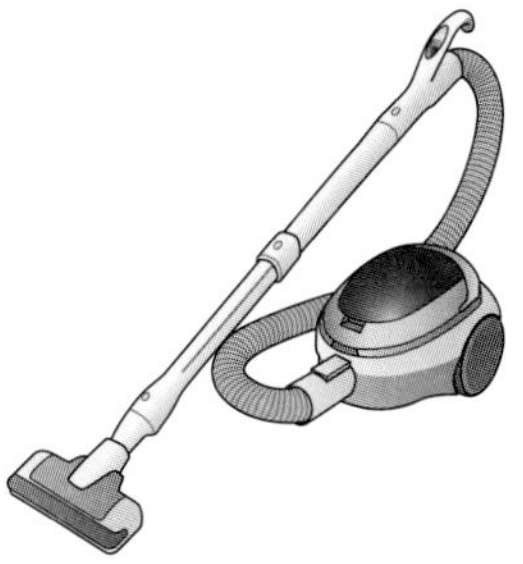

㋖ソーラー時計

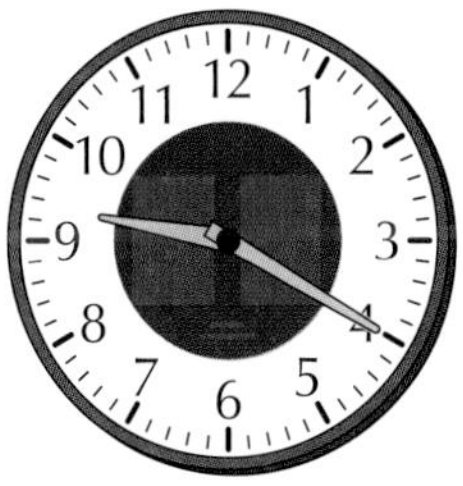

㋗ノートパソコン

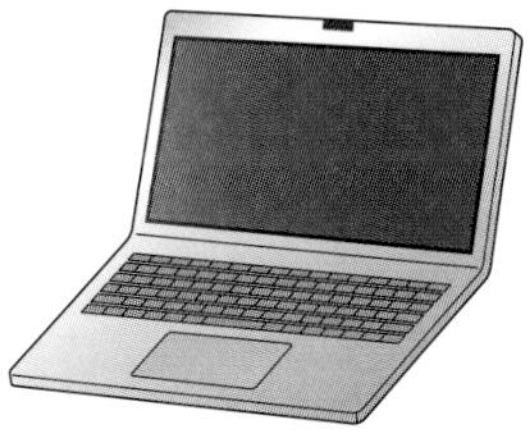

(1) ㋐～㋒は、電気を何に変えて利用している電気製品ですか。次のア～エから選びましょう。（　　）

ア 光　イ 音　ウ 熱　エ 回転する動き

(2) ㋓は、電気を何に変えて利用している電気製品ですか。(1)のア～エから選びましょう。（　　）

(3) ㋔は、電気を何に変えて利用している電気製品ですか。(1)のア～エから2つ選びましょう。（　　）（　　）

(4) ㋕と㋖は、電気を何に変えて利用している電気製品ですか。(1)のア～エから選びましょう。（　　）

(5) ㋗について、正しいものを次のア～ウから選びましょう。（　　）

ア ノートパソコンは、電気を光や音に変えて利用することができない。

イ ノートパソコンは、電気をコントロールして利用することができる。

ウ ノートパソコンは、電気をためて利用することができない。

(6) 家の外には、自転車がありました。自転車のライトについて、正しいものを次のア～ウから選びましょう。（　　）

ア 自転車のライトでは、つくった電気を光に変えて利用している。

イ 自転車のライトでは、つくった電気を音に変えて利用している。

ウ 自転車のライトでは、つくった電気をためている。

勉強した日　月　日

3　身のまわりの電気②

基本のワーク

学習の目標
身のまわりの電気製品が動く仕組みを理解しよう。

教科書　187〜193ページ　　答え　24ページ

図を見て、あとの問いに答えましょう。

① いろいろな電気製品

	暗くなると自動的に光る照明	室温に合わせて運転するエアコン
	昼 光電池 / 夜 光る。	
センサーの役割	照明の点灯や消灯をコントロールする。	機器の運転をコントロールする。
感知しているもの	①	②

● 表の①、②にあてはまる言葉を下の〔　〕から選んで書きましょう。

〔　周りの明るさ　　温度　〕

---

② プログラム

歩行者用信号機のプログラム

→ 赤 点灯 → 60秒待つ → 赤 消灯 → 青 点灯

→ 20秒待つ → 青 点めつ → 青 消灯

コンピュータに、自動的に実行するように決めた命令を組み合わせたものを

① [　　　　　　]　、プログラムを作ることを ② [　　　　　　] という。

● ①、②の[　　]にあてはまる言葉を書きましょう。

まとめ　〔 プログラミング　センサー 〕から選んで（　）に書きましょう。

● 明るさや人の動きなどを①（　　　　　　）で感知して、利用している電気製品がある。

● コンピュータが自動で実行するための命令を作ることを②（　　　　　　　　）という。

コンピュータへの命令を作るときは、プログラミング言語という専用の言葉を使います。
プログラムを使うことで、命令通りの動作をコンピュータが行うことができます。

練習のワーク

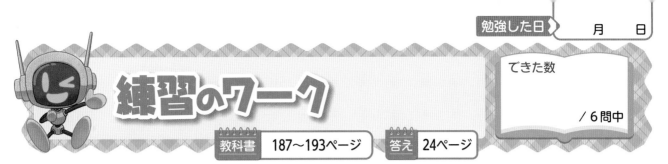

教科書 187～193ページ　答え 24ページ

できた数 ／6問中

1 身のまわりの電気製品について、あとの問いに答えましょう。

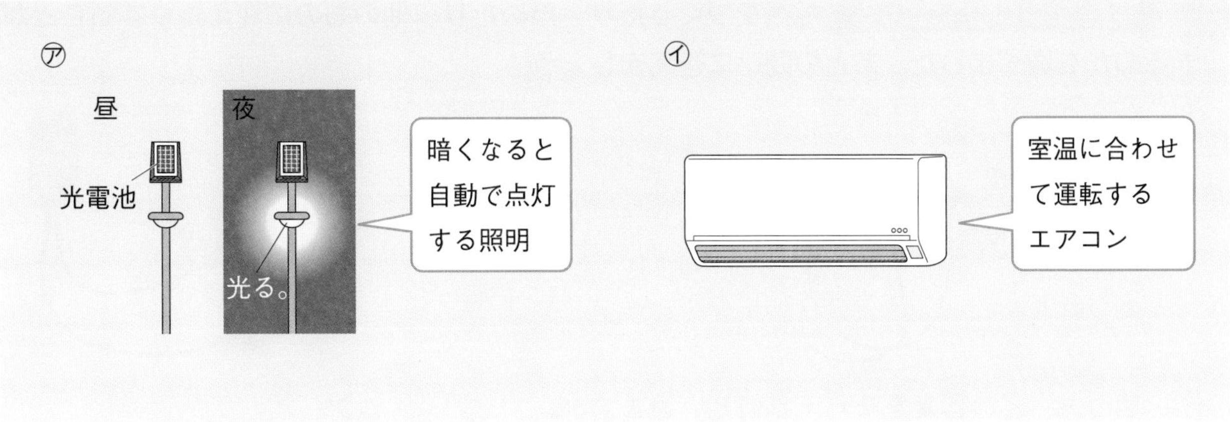
[ア]
昼
夜
光電池
光る。
暗くなると自動で点灯する照明
[イ]
室温に合わせて運転するエアコン

(1) [ア]には、何を感知するセンサーがついていますか。次のア、イから選びましょう。(　　　)

ア　周りの明るさ　　イ　温度

(2) [イ]には、何を感知するセンサーがついていますか。(1)のア、イから選びましょう。(　　　)

2 次の図は、歩行者用信号機の色が変わったり、点めつしたりするように作られたコンピュータへの命令を簡単に表したものです。あとの問いに答えましょう。

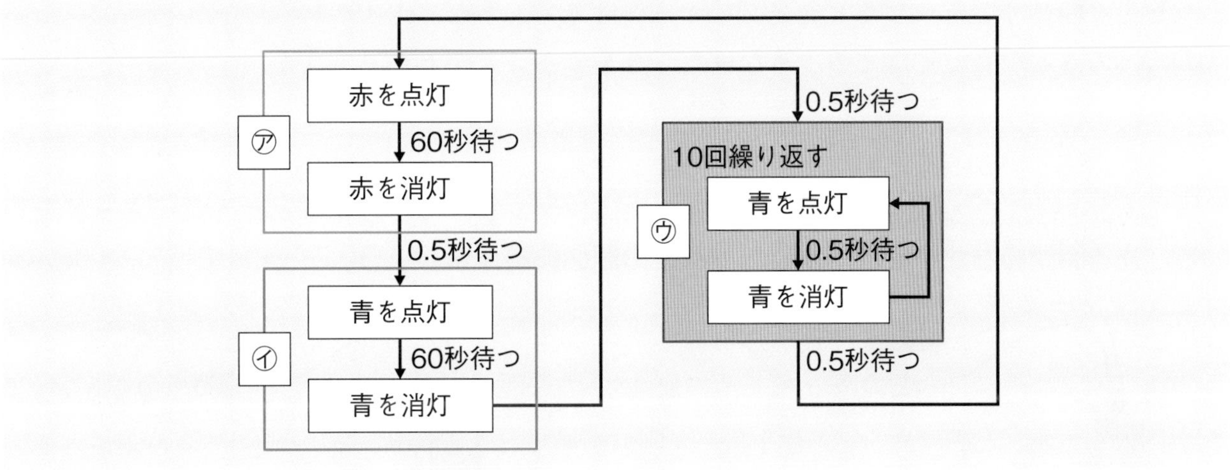
[ア]
赤を点灯
60秒待つ
赤を消灯
0.5秒待つ
[イ]
青を点灯
60秒待つ
青を消灯
0.5秒待つ
10回繰り返す
[ウ]
青を点灯
0.5秒待つ
青を消灯
0.5秒待つ

(1) 図のように、コンピュータにさまざまなことを自動的に実行できるように作られた命令を何といいますか。(　　　　　)

(2) (1)の命令を作ることを何といいますか。(　　　　　)

(3) 青信号の点めつの命令を表しているのは、[ア]～[ウ]のどれですか。(　　　)

(4) (1)のような命令は、何に役立っていますか。次のア～エから選びましょう。(　　　)

ア　人の動きや周囲の明るさを感知する。

イ　電気を効率的に発電する。

ウ　電気をコントロールして効率的に使う。

エ　電気を大量にためる。

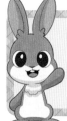

勉強した日　月　日

まとめのテスト

9　電気の利用

時間 20分

得点　/100点

教科書 172～193ページ　答え 25ページ

よく出る

1 **電気をつくる・ためる** 電気をつくったり、ためたり、他のものに変えたりすることができるのかを調べました。あとの問いに答えましょう。 1つ5〔30点〕

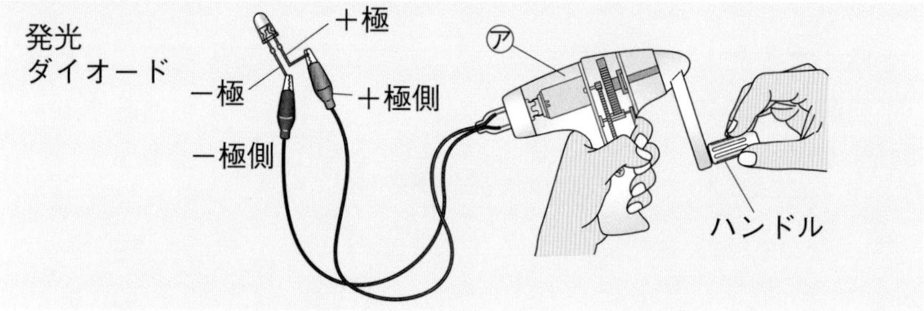

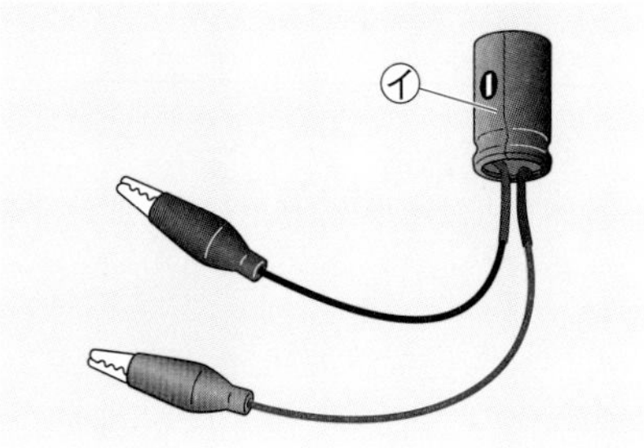

(1) 図の㋐、㋑の器具をそれぞれ何といいますか。 ㋐(　　) ㋑(　　)

(2) ㋐のハンドルをある方向に回すと、発光ダイオードは光りませんでした。㋐のハンドルを逆に回すと発光ダイオードは光りますか。 (　　)

(3) (2)のことから、㋐はどのようなはたらきをすることがわかりますか。
(　　)

(4) ㋐に㋑を正しくつないでハンドルを回しました。その後、㋑と発光ダイオードの＋極どうし、－極どうしをつなぐと発光ダイオードは光りますか。 (　　)

(5) (4)のことから、㋑はどのようなはたらきをすることがわかりますか。
(　　)

2 **豆電球と発光ダイオード** 電気をためたコンデンサーに、豆電球と発光ダイオードをつなぎ、光る時間のちがいを調べました。あとの問いに答えましょう。 1つ5〔20点〕

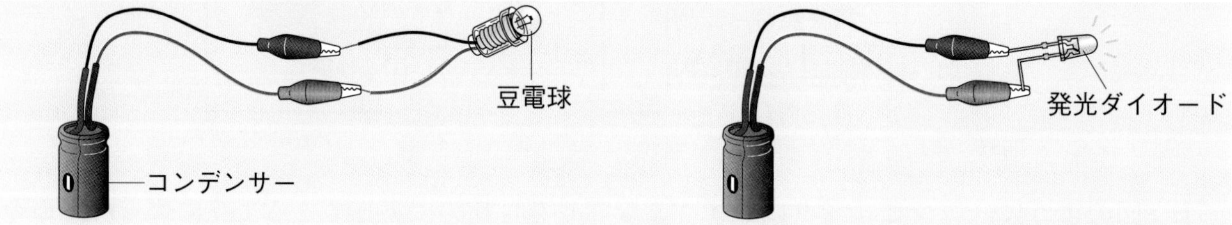

(1) 豆電球につなぐコンデンサーと発光ダイオードにつなぐコンデンサーで、同じにするものは何ですか。 (　　)

(2) (1)を同じにして調べたとき、長い時間光っていたのは、豆電球、発光ダイオードのどちらですか。 (　　)

(3) 光っているとき、流れる電流が大きいのは豆電球、発光ダイオードのどちらですか。
(　　)

記述 (4) 最近の照明は、発光ダイオードを使うものが増えています。その理由を、(2)、(3)から考えて書きましょう。
(　　)

3 **[電気の利用]** **私たちは、電気をさまざまなものに変えて利用しています。あとの問いに答えましょう。**

1つ5〔30点〕

㋐電磁調理器　　㋑電子オルゴール　　㋒電気自動車　　㋓電灯

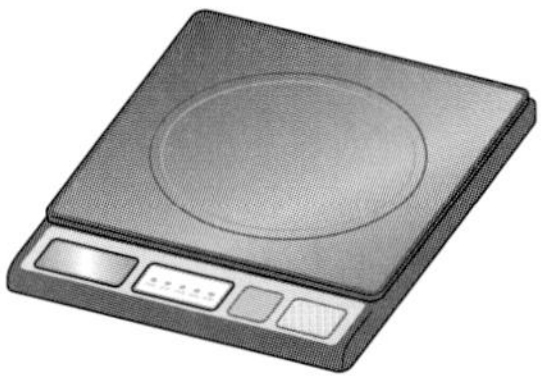
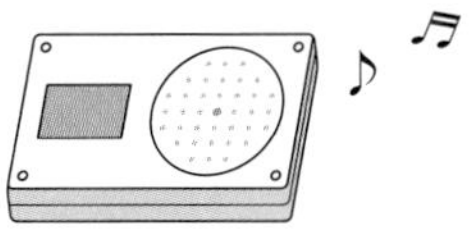
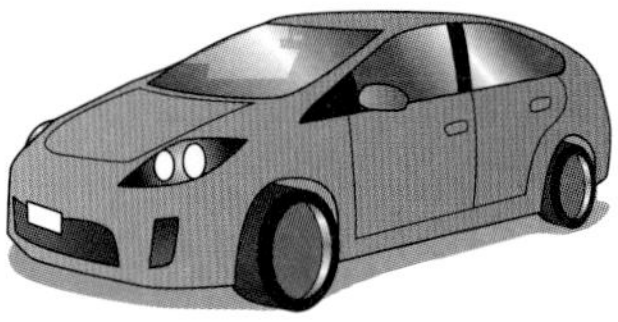
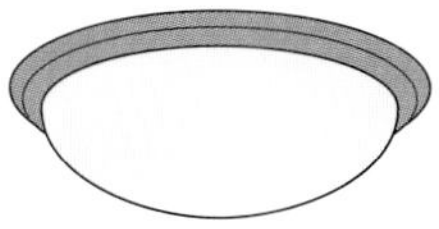

(1)　㋐〜㋓の中で、電気を熱に変えて利用しているものはどれですか。（　　）

(2)　㋐〜㋓の中で、電気を光に変えて利用しているものはどれですか。（　　）

(3)　㋐〜㋓の中で、電気を音に変えて利用しているものはどれですか。（　　）

(4)　㋐〜㋓の中で、電気を回転する動きに変えて利用しているものはどれですか。（　　）

(5)　けいたい電話などに利用される、電気をためる器具を何といいますか。

（　　　　　　　　）

[記述] (6)　タブレットパソコンには、使う電気の量が少なくなる工夫がされています。工夫の例を1つ書きましょう。

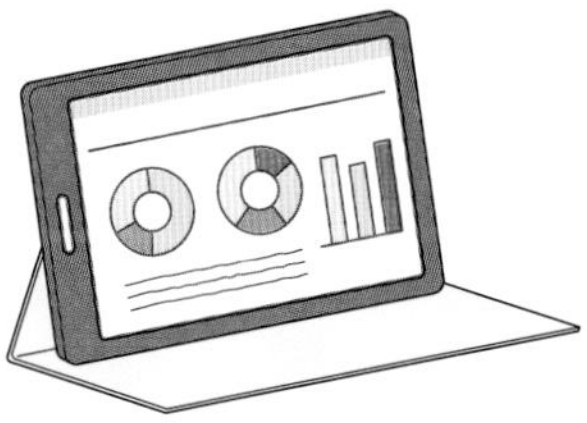

（　　　　　　　　　　　　　　　　　　　　）

[チャレンジ!] **4** **[電気の性質]** **モーターを手回し発電機につなぎ、ハンドルを図のように回すとモーターが㋐の向きに回りました。次の問いに答えましょう。**

1つ5〔20点〕

(1)　手回し発電機のハンドルを回す速さを速くすると、モーターはどのようになりますか。次のア〜ウから選びましょう。（　　）

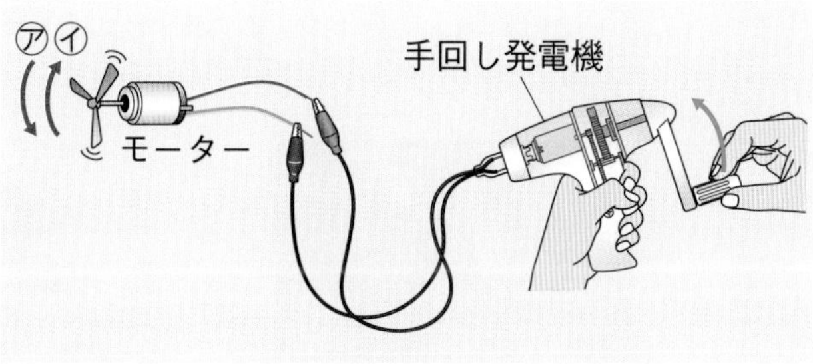

ア　速く回る。

イ　おそく回る。

ウ　変わらない。

(2)　手回し発電機のハンドルを逆に回すと、モーターはどのようになりますか。次のア〜ウから選びましょう。（　　）

ア　㋐の向きに回る。

イ　㋑の向きに回る。

ウ　回らない。

(3)　この実験の結果をまとめた次の文の（　）にあてはまる言葉を書きましょう。

手回し発電機のハンドルを回す速さを変えると、つくられる電気の①（　　　　）が変わり、ハンドルを回す向きを変えると、電流の②（　　　　）が変わる。

人の生活と自然環境

基本のワーク

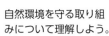

学習の目標
自然環境を守る取り組みについて理解しよう。

教科書 194～209ページ　答え 25ページ

図を見て、あとの問いに答えましょう。

1 人の暮らしと開発

① [　　　　] を
燃やすと空気がよごれる。

② [　　　　] して、
海がよごれる。

土地を広げるため原生林を
③ [　　　　] 。

→ 開発を続けるだけではなく、自然を深く知り、自然環境を ④ [　　　　] しようという考えが広まっている。

● ①～④の □ にあてはまる言葉を、下の〔　〕から選んで書きましょう。
〔　ごみを放置　　切り開いている　　保全　　化石燃料　〕

2 自然環境を守る取り組み

① [　　　　]

生き物と環境の関わりを学ぶ。

② [　　　　]

空気をよごすことを防ぐ。

③ [　　　　]

水をよごすことを防ぐ。

● ①～③の □ にあてはまる言葉を、下の〔　〕から選んで書きましょう。
〔　下水処理場　　学校ビオトープ　　電気自動車　〕

まとめ　〔保全　持続可能な社会〕から選んで（　）に書きましょう。

● 開発をするだけでなく、自然を知り、環境を①（　　　　）するという考えが広まっている。
● ②（　　　　）の実現に向けて、自然環境を守るためのさまざまな取り組みがある。

わくわくたんてい団　東京都の動物園や水族館では、希少な動物を保護して増やす「ズーストック計画」とよばれる取り組みが続けられています。

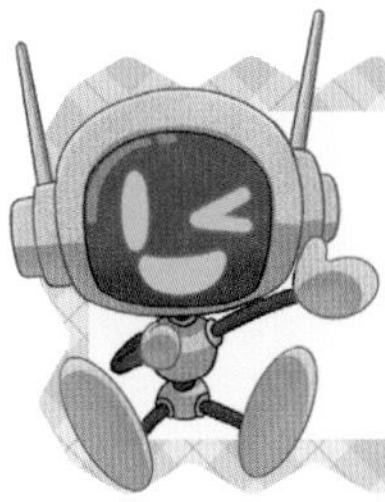

練習のワーク

できた数　/12問中

教科書 194～209ページ　答え 25ページ

1 私たちの暮らしと環境への取り組みについて、次の問いに答えましょう。

(1) 図1は、地球の温暖化を防ぐ取り組みの1つとして注目されている車です。この車は、ガソリンなどの燃料を燃やさずに電気で走ります。このような車を何といいますか。
（　　　　　）

(2) (1)の車は、環境を守るためにどのような効果がありますか。ア、イから正しいものを選びましょう。（　　　）

ア　空気中に二酸化炭素を出さない。

イ　空気中に出される二酸化炭素の量が増える。

(3) 図2の下水処理場は、何を守ることにつながりますか。ア、イから選びましょう。（　　　）

ア　水

イ　空気

図1

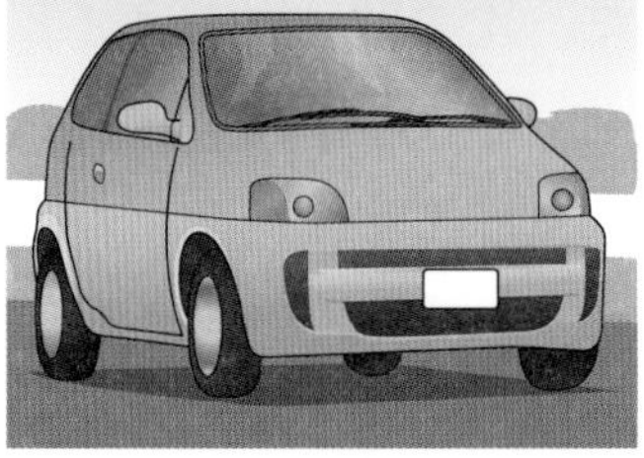

図2　下水処理場

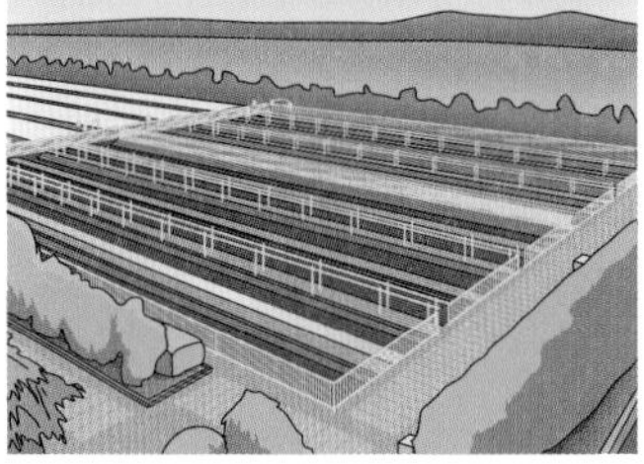

SDGs 2 地球の環境を守るためにすることについて、あとの問いに答えましょう。

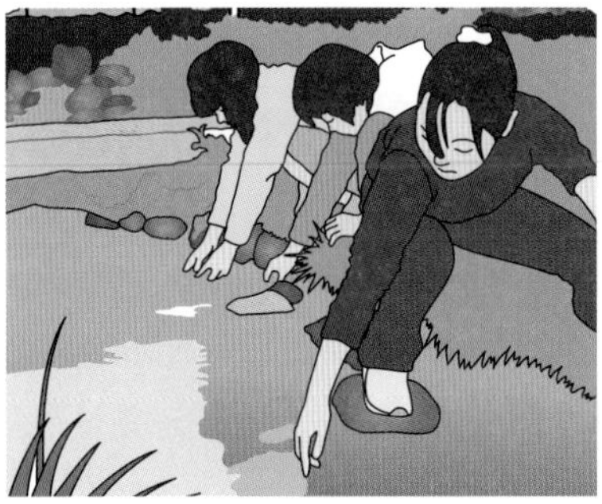

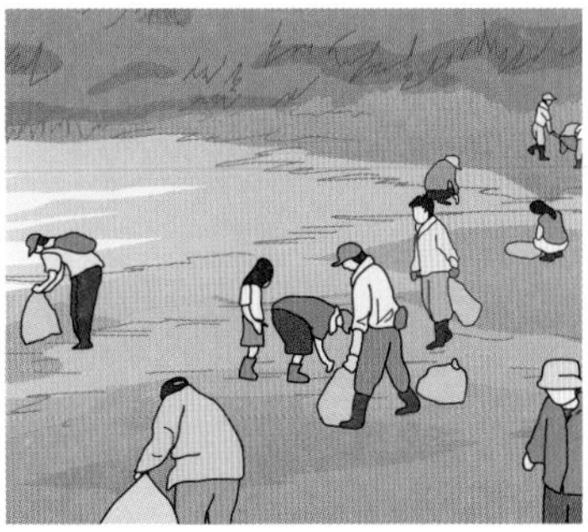

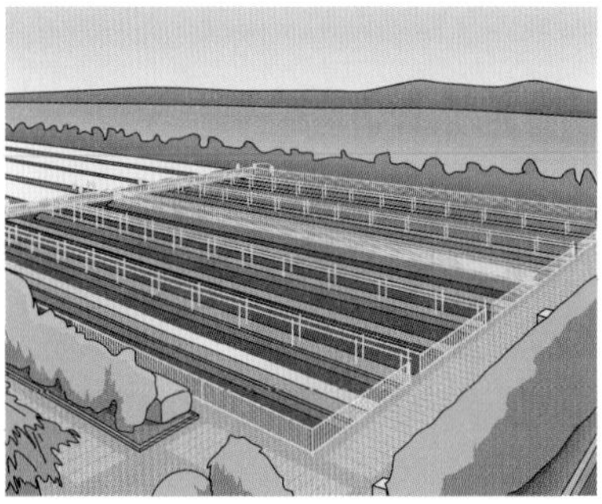

(1) 学校につくられた、生き物のすむ空間のことを何といいますか。
（　　　　　　　　　　）

(2) 自然環境を守るさまざまな取り組みについて、正しいものには○、まちがっているものには×をつけましょう。

①（　　）木を切ったあと、なえ木を植えて、森林を守る。

②（　　）海岸のごみを拾うなどして、生き物がすみやすいようにする。

③（　　）これからは、まわりの環境との調和を考えずに、森を切り開くなどの開発を続けるようにする。

④（　　）空気中に出される二酸化炭素の量が多い自動車を開発する。

⑤（　　）家庭や工場などで使われてよごれた水は、下水処理場できれいにしてから、川にもどしている。

⑥（　　）魚をとる期間や場所、量などを制限して、魚が減りすぎないようにする。

⑦（　　）グリーンカーテンは、建物の温度が上がるのを防ぐ対策としては適当ではない。

⑧（　　）自然観察会や生き物調査を通して、自然と関わったり学習に取り組んだりする。

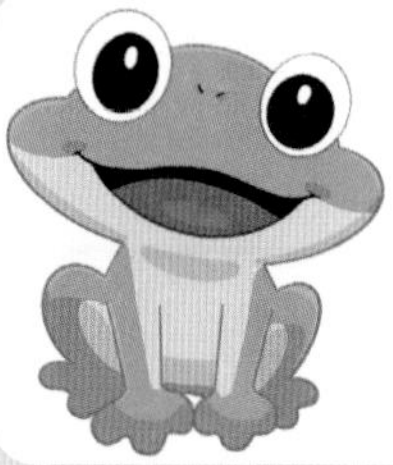

考えてとく問題にチャレンジ！

プラスワーク

勉強した日　月　日

答え 26ページ

1 ものの燃え方と空気 [教科書] 8～23ページ

右の図のようにまきを組み、火をつけることにしました。次の問いに答えましょう。

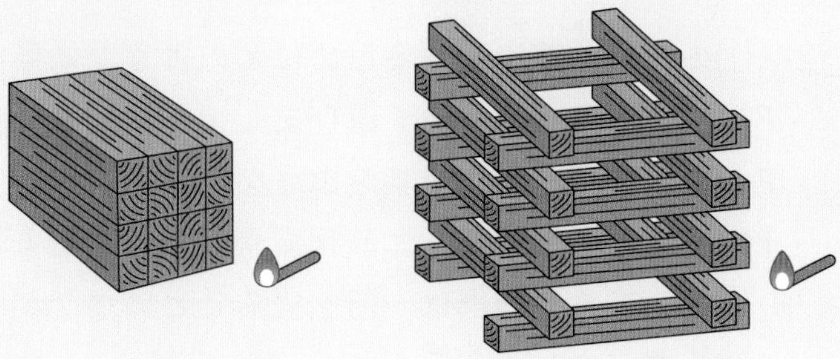

㋐すき間なく組む。
㋑すき間をつくって組む。

(1) ㋐と㋑では、どちらのほうがよく燃えますか。（　　）

(2) (1)で選んだものがよく燃えるのは、なぜですか。次の文の（　）にあてはまる言葉を書きましょう。

新しい（　　　　）にふれることができる木が多くなるから。

2 人や他の動物の体 [教科書] 24～49ページ

閉め切った部屋で友だちと遊んでいると、「たまに窓を開けてかん気するように。」と言われました。次の問いに答えましょう。

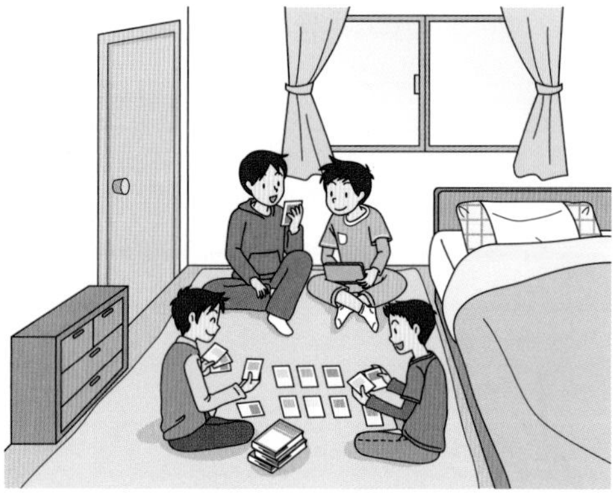

(1) 私たちは、空気を吸って、空気中の何を取り入れていますか。（　　　　）

(2) 私たちは、息をはき出して、空気中に何を出していますか。（　　　　）

(3) 空気中から(1)を取り入れ、(2)を空気中に出すことを何といいますか。（　　　　）

(4) かん気するように言われたのは、部屋の中の何が少なくなることを心配したからですか。

（　　　　）

3 植物の体 [教科書] 50～69ページ

図1のようにホウセンカを赤い色水にひたして、しばらくしてから観察しました。次の問いに答えましょう。

図1

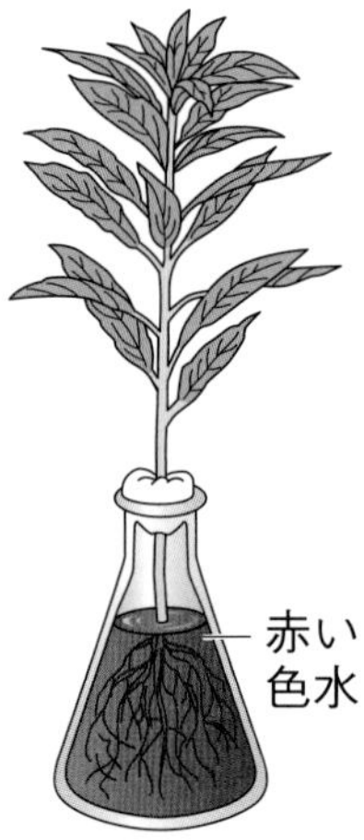

赤い色水

図2

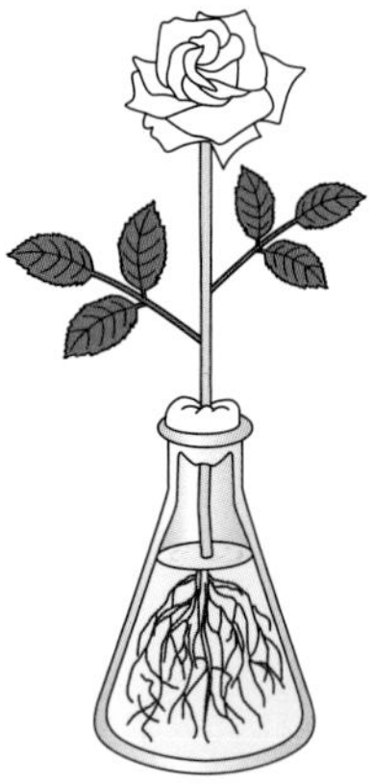

(1) しばらくすると、ホウセンカの根、くき、葉はどのようになりますか。

（　　　　　　　　）

(2) 水の通り道は、花にありますか。

（　　　）

[思考] (3) 図1のホウセンカの様子を観察していると、図2のような白い花を青色に染める方法を思いつきました。それはどのような方法ですか。

（　　　　　　　　）

4 植物の体 [教科書] 50〜69ページ

前の日の午後から、図1のように葉の一部をアルミニウムはくでおおいました。次の日、そのまま十分に日光を当ててから切り取り、ヨウ素液を使って調べました。次の問いに答えましょう。

図1

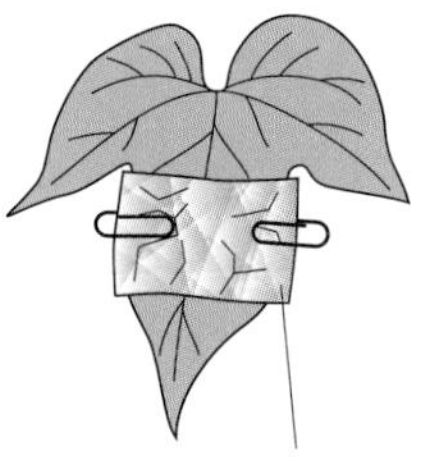

図2

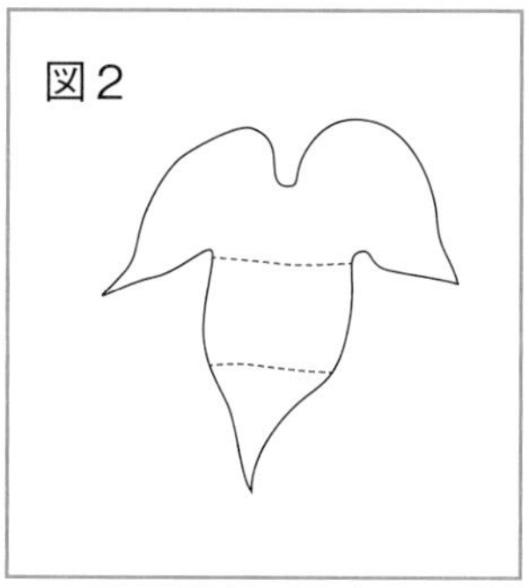

(1) ヨウ素液によって色が変わったのは、どの部分ですか。図2の葉に色をぬって示しましょう。

(2) (1)で色をぬった部分には、何ができていますか。（　　　）

5 生き物と食べ物・空気・水 [教科書] 72〜87ページ

図は、カレーライスの材料について表したものです。あとの問いに答えましょう。

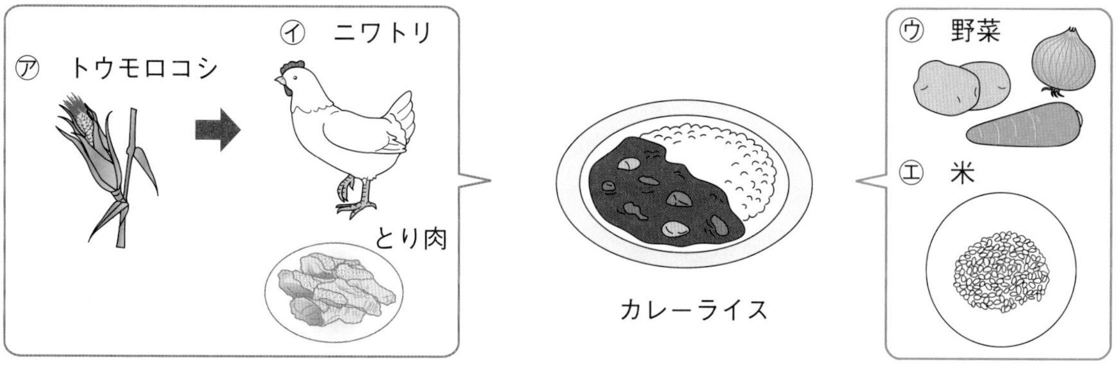

(1) 図の㋐〜㋓のうち、動物はどれですか。（　　　）

(2) (1)の動物は、植物と動物のどちらを食べていますか。（　　　）

(3) 食べ物のもとをたどると、何に行きつくと考えられますか。（　　　）

6 てこ [教科書] 88〜105ページ

てこを使って、重いものを簡単に持ち上げようと考えました。次の問いに答えましょう。

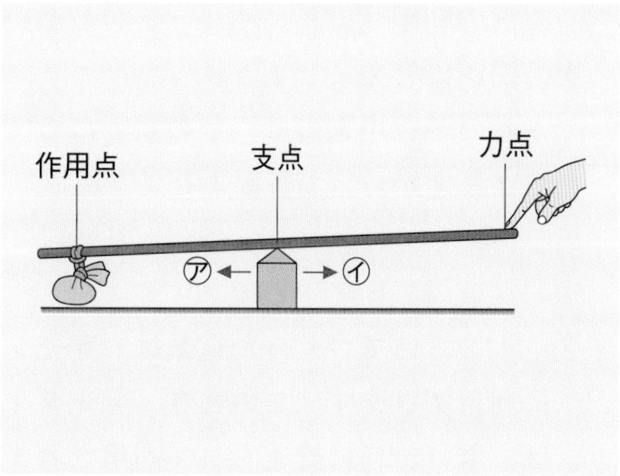

(1) より小さい力でものを持ち上げるためには、力点と支点を近づけますか、遠ざけますか。（　　　）

(2) より小さい力でものを持ち上げるためには、作用点と支点を近づけますか、遠ざけますか。（　　　）

(3) 力点と作用点の位置を変えずに、支点の位置だけを変えました。支点の位置を㋐、㋑のどちらに変えると、力点の位置を支点から遠ざけることができますか。（　　　）

(4) (3)のとき、支点の位置を㋐、㋑のどちらに変えると、作用点の位置を支点に近づけることができますか。（　　　）

(5) (3)のとき、支点の位置を㋐、㋑のどちらに変えると、より小さい力でものを持ち上げることができますか。（　　　）

7 月の見え方と太陽 教科書 138〜149ページ 次の図1のように、ある日、太陽が西にしずむころに太陽と月の見える位置や月の形を調べて記録しました。あとの問いに答えましょう。

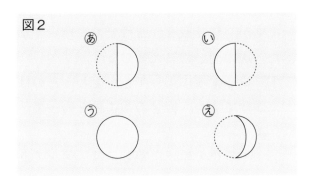

(1) 月や太陽の位置は、方位と何を調べて記録しますか。　（　　　　　　　）

(2) この日、月は㋐の位置に見られました。どのような月の形をしていましたか。図2の㋐〜㋔から選びましょう。　（　　　　　　　）

(3) 3日後、同じ時刻に同じ場所で観察すると、月の見える位置や形はどのようになりますか。次のア〜エから選びましょう。　（　　　　　　　）
　ア　どちらも変わる。　　　　　　　　イ　位置は変わるが、形は変わらない。
　ウ　形は変わるが、位置は変わらない。　エ　どちらも変わらない。

(4) 3日後、地球から見た月と太陽の角度はどうなりますか。　（　　　　　　　）

8 水溶液 教科書 150〜171ページ 学校の理科室では、塩酸をガラスのびんに入れて保存しています。次の問いに答えましょう。

(1) アルミニウムにうすい塩酸を注ぐと、アルミニウムはどのようになりますか。
　（　　　　　　　　　　　　　　　　）

(2) 塩酸をアルミニウムの容器で保存しないのはなぜですか。
　（　　　　　　　　　　　　　　　　　　　　　　　）

9 電気の利用 教科書 172〜193ページ 右のかい中電灯には、災害のときに便利な機能がついています。次の問いに答えましょう。

(1) 右のかい中電灯は、どのようにして発電させることができますか。2つ書きましょう。
　（　　　　　　　　　　　）
　（　　　　　　　　　　　）

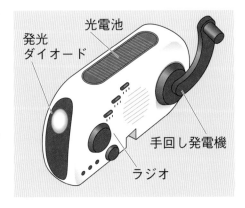

(2) (1)の方法でつくった電気は、発光ダイオードやラジオに利用できます。このとき、発光ダイオードやラジオでは、電気が何に変えられて利用されますか。
　　　　　発光ダイオード（　　　　　　　）
　　　　　ラジオ（　　　　　　　）

(3) このかい中電灯には、電球ではなく、発光ダイオードがついています。このことは、災害のときにどのような点で便利だと考えられますか。
（　　　　　　　　　　　　　　　　　　　　　　　　　　　　）

教科書ワーク

答えとてびき

「答えとてびき」は、とりはずすことができます。

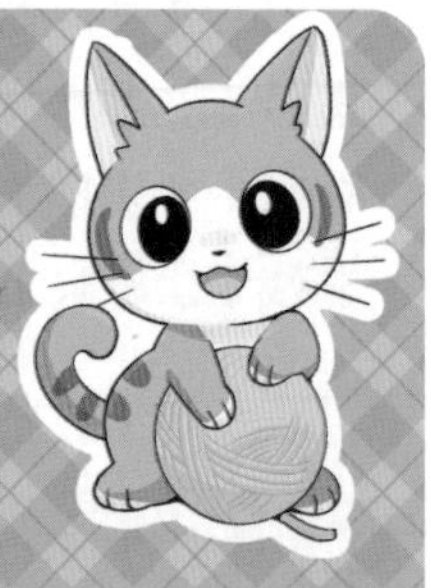

教育出版版

理科6年

使い方

まちがえた問題は、もう一度よく読んで、なぜまちがえたのかを考えましょう。正しい答えを知るだけでなく、なぜそうなるかを考えることが大切です。

1 ものの燃え方と空気

2ページ 基本のワーク

[1] (1)①火が消える

②燃え続ける

(2)③「なくなっていない」に◯

[2] (1)①「すぐに」に◯

(2)②なくなっている

まとめ ①消える ②ものを燃やす

3ページ 練習のワーク

❶ (1)ウ (2)なくなっていない。

❷ (1)ア (2)ものを燃やす

(3)新しい空気

てびき ❶ (1)㋐のように底のある集気びんの中でろうそくを燃やすと、しばらくして火が消えます。㋑のように底のない集気びんを火のついたろうそくにかぶせるとろうそくは燃え続けます。

(2)火が消えたあとの集気びんを水の入った水そうにしずめると集気びんの中からあわが出たことから、集気びんの中の空気はなくなっていないことが確かめられます。

❷ (1)(2)ろうそくが燃えると、集気びんの中の空気の性質が変わり、ものを燃やすはたらきがなくなります。そのため、図2の㋑のように集気びんをかぶせると、火はすぐに消えます。

(3)ものが燃え続けるには、もののまわりの空気が新しい空気と入れかわることが必要です。

4ページ 基本のワーク

[1] ①酸素 ②ちっ素

[2] (1)①× ②◯ ③× (2)④酸素

まとめ ①酸素 ②ものを燃やすはたらき

5ページ 練習のワーク

❶ (1)㋐ア ㋑ウ ㋒ア

(2)ものを燃やすはたらき

(3)ない。

(4)ちっ素…ウ 酸素…イ

❷ (1)イ (2)ア (3)イ

てびき ❶ (1)～(3)酸素にはものを燃やすはたらきがあるので、酸素を集めた集気びんの中に火のついたろうそくを入れると、ろうそくは激しく燃え、しばらくすると火が消えます。二酸化炭素やちっ素にはものを燃やすはたらきがないので、二酸化炭素やちっ素を集めた集気びんの中に火のついたろうそくを入れると、すぐに火が消えます。

(4)空気には体積の割合でちっ素が約78%、酸素が約21%、二酸化炭素が約0.04%ふくまれています。

わかる! 理科 空気中にも酸素がふくまれているので、空気を集めた集気びんの中でろうそくはおだやかに燃えます。

❷ ちっ素を集めるときには、水中で集気びんの中の空気を全て出し集気びんを水で満たします。集気びんには少しずつ気体を送りこみます。そ

して、水中で集気びんにふたをして、水から取り出します。酸素や二酸化炭素も、同じ方法で集めることができます。集めた気体の中でものを燃やす実験をするときは、集気びんの中に水を残すようにします。

6・7ページ まとめのテスト①

1 (1)㋐　(2)㋑　(3)イ
(4)ものを燃やすはたらきがなくなる。
(5)イ

2 (1)㋐酸素　㋑ちっ素
(2)㋐
(3)二酸化炭素　(4)ない。

3 (1)水　(2)ア、ウ

4 (1)集気びんが割れないようにするため。
(2)㋐ウ　㋑ウ
(3)イ
(4)①空気　②酸素　③21%

丸つけのポイント

1 (4)ものを燃やすはたらきがなくなることが書かれていれば正解です。

4 (1)熱いろうが落ちてびんが割れないようにするため、なども正解です。

てびき **1** (1)(2)火のついたろうそくに底のない集気びんをかぶせるとろうそくが燃え続けます。火のついたろうそくに底のある集気びんをかぶせると、しばらくして火が消えます。

(3)(4)底のある集気びんの中でろうそくを燃やすと、びんの中の空気の性質が変わってものを燃やすはたらきがなくなるので火が消えます。びんの中の空気がなくなるわけではありません。

(5)ガスマッチのように、先たんとその手前に穴があると、空気が[あ]の穴から入り、[い]の穴から出るという流れができます。このようにして、たえず新しい空気がガスマッチの中に入ると、ものを燃やすはたらきがなくならないので、ガスマッチの火は消えません。

2 空気にふくまれる気体の体積の割合は、ちっ素が約78%、酸素が約21%です。二酸化炭素は約0.04%ふくまれています。酸素にはものを燃やすはたらきがありますが、ちっ素や二酸化炭素にはものを燃やすはたらきはありません。

3 集気びんの中を水で満たしてから少しずつ気体を入れます。気体を必要な分だけ集めたあと、水中でふたをしてから取り出します。

4 (1)集気びんの中に熱いろうが落ちてびんが割れないようにするため、集気びんの中に水を少し入れておきます。

(2)ちっ素や二酸化炭素にはものを燃やすはたらきがないので、火のついたろうそくを集気びんの中に入れると、どちらもすぐに火が消えます。

(3)(4)空気にはものを燃やすはたらきがある酸素がふくまれているので、ろうそくの火は燃えますが、㋓は㋒よりも酸素の量が少ないので先に消えます。

8ページ 基本のワーク

1 (1)①検知管　②採取器
(2)③体積

2 ①酸素　②二酸化炭素
③酸素　④二酸化炭素

まとめ ①酸素　②二酸化炭素
③気体検知管

9ページ 練習のワーク

1 (1)保護眼鏡
(2)検知管(気体検知管)
(3)①
(4)増えた気体…二酸化炭素
減った気体…酸素

2 (1)イ　(2)①炭　②灰(①、②は順不同)
(3)白くにごる。　(4)ア

てびき **1** (2)気体検知管を使うと、空気中の酸素や二酸化炭素の量(体積の割合)を調べることができます。

(3)(4)ろうそくを燃やすと、酸素の体積の割合は約21%から約17%に減り、二酸化炭素の体積の割合は約0.04%から約4%に増えています。

わかる! 理科 酸素にはものを燃やすはたらきがあります。しかし、少しでも酸素があればものが燃えるというわけではありません。酸素の体積の割合が減ると、ものは燃えなくなります。

❷ (1)石灰水には、二酸化炭素にふれると白くにごる性質があります。ものを燃やす前の空気には二酸化炭素が少ししかふくまれていないので、石灰水は変化しません。

(2)木や紙、布など、植物からつくられたものを燃やすと、炭や灰に変わります。

(3)(4)紙を燃やすと、空気の中の酸素が使われて減り、二酸化炭素が増えます。そのため石灰水は白くにごります。

10・11ページ まとめのテスト❷

1 (1)変化しない。
(2)白くにごる。
(3)二酸化炭素
(4)増える。

2 (1)検知管
(2)ウ
(3)ア→ウ→エ→イ
(4)①×　②○　③○

3 (1)酸素…え　二酸化炭素…あ
(2)酸素…う　二酸化炭素…い
(3)②に○
(4)酸素の一部が使われて減り、二酸化炭素が増える。

4 (1)木…イ　紙…イ　布…イ
(2)木…ア　紙…ア　布…ア

丸つけの ポイント ‥‥‥‥‥‥‥‥‥‥
3 (4)酸素が減り、二酸化炭素が増えていることが書かれていれば正解です。

てびき **1** (1)ろうそくを燃やす前の空気には、二酸化炭素が約0.04％しかふくまれていないので、石灰水は変化しません。

(2)～(4)ろうそくを燃やしたあとの空気は、二酸化炭素の割合が約4％に増えています。そのため、石灰水は白くにごります。

2 検知管には、酸素用や二酸化炭素用があります。どちらも、気体の体積の割合を調べることができます。色が変わっているところの目盛りを読みましょう。

(4)チップホルダで検知管の両はしを折ってから使います。酸素用検知管は、使ったあと熱くなっているので注意しましょう。

3 (1)燃やす前の空気には、酸素が約21％、二酸化炭素が約0.04％ふくまれています。

(2)燃やしたあとの空気には、酸素が約17％、二酸化炭素が約4％ふくまれています。

(3)(4)ものを燃やすと、酸素の体積の割合が減り、二酸化炭素の体積の割合が増えます。ちっ素の体積の割合は変わりません。酸素の一部が使われて減っていますが、全てがなくなるわけではありません。

4 木や紙、布を燃やしたときも、空気の中の酸素の一部が使われて減り、二酸化炭素ができます。そして、木や紙、布を燃やしたあとには、炭や灰が残ります。

2 人や他の動物の体

12ページ 基本のワーク

[1] (1)①酸素 ②二酸化炭素
(2)③呼吸

[2] (1)①気管 ②肺
(2)③酸素 ④二酸化炭素

まとめ ①酸素 ②呼吸 ③肺

13ページ 練習のワーク

❶ (1)呼吸 (2)イ
(3)㋐変化しない。 ㋑白くにごる。
(4)二酸化炭素
(5)ウ

❷ (1)㋐肺 ㋑気管
(2)酸素 (3)二酸化炭素
(4)ア (5)呼吸

てびき ❶ (1)体の中に酸素を取り入れ、体の外に二酸化炭素を出すはたらきを呼吸といいます。

(2)～(4)石灰水を使うと、二酸化炭素があるかどうかを調べることができます。空気中には二酸化炭素がほとんどふくまれていないので、石灰水は変化しません。はき出した息には二酸化炭素が約3%ふくまれているので、石灰水が白くにごります。

(5)息をふくろにふきこむと、ふくろがくもります。これは、はき出した息には水蒸気が多くふくまれていて、ふくろの中で水てきになったからです。

❷ (1)鼻や口から吸いこんだ空気は、気管を通って肺に送られます。

(2)～(5)肺では、血液中に空気中の酸素の一部が取り入れられ、血液中から二酸化炭素が出されます。このはたらきを呼吸といいます。呼吸によってちっ素の体積の割合は変わりません。

14ページ 基本のワーク

[1] (1)①変化しない ②変化する
(2)③でんぷん

[2] (1)①食道 ②胃 ③小腸 ④大腸
(2)⑤消化管 ⑥だ液

まとめ ①でんぷん ②だ液
③消化管

15ページ 練習のワーク

❶ (1)イ (2)イ
(3)㋐変化しない。 ㋑変化する。
(4)㋐ない。 ㋑ある。
(5)いえる。

❷ (1)消化 (2)消化液
(3)①記号…㋒ 名前…胃
②記号…㋓ 名前…小腸
③記号…㋔ 名前…大腸
④記号…㋑ 名前…肝臓

てびき ❶ (1)だ液を混ぜるかどうかだけを変え、その他の条件は全て同じにします。

(2)だ液がよくはたらくように、口の中と同じくらいの温度にしておきます。

(3)～(5)でんぷんはだ液のはたらきによって、水にとけやすい養分に変化します。だ液を入れた㋐では、でんぷんがなくなって別のものに変化しているので、ヨウ素液を入れても色が変わりません。だ液を入れていない㋑では、でんぷんがそのまま残っているので、ヨウ素液を入れると色が変化します。

❷ (1)(2)食べ物は、歯で細かくかみくだかれたり、だ液や胃液などの消化液のはたらきによって、体に吸収されやすい養分に変えられます。このはたらきを消化といいます。

(3)①㋒の胃では、胃液によって食べ物が消化され、小腸へ送られます。

②㋓の小腸では、消化液によって養分がさらに消化され、水とともに血液中に吸収されます。

③㋔の大腸では、さらに水分を吸収し、残った不要なものは便としてこう門から出されます。

④㋑の肝臓では、養分の一部をたくわえたり、必要なときに血液中に送り出したりします。

16・17ページ まとめのテスト❶

[1] (1)㋒
(2)①酸素 ②二酸化炭素 ③呼吸
(3)㋑

[2] (1)㋐気管 ㋑肺
(2)㋓イ ㋔ウ
(3)㋒→㋐→㋑

[3] (1)ウ (2)㋐ (3)㋑

(4)でんぷんがだ液によって別のものに変化したから。
(5)消化液

[4] (1)消化管　(2)㋑
(3)便として体の外に出される。
(4)臓器　(5)ウ、エ

丸つけのポイント

[3] (4)だ液のはたらきで別のものに変わったことが書かれていれば正解です。

[4] (3)便として出されることが書かれていれば正解です。

てびき [1] (1)吸いこむ空気と比べると、はき出した息は、酸素の量が少なく、二酸化炭素の量が多いです。
(2)体の中に酸素を取り入れ、体の外に二酸化炭素を出すはたらきのことを呼吸といいます。
(3)はき出した息には、水蒸気も多くふくまれています。

[2] (1)㋐は空気を肺に取り入れるための管の気管、㋑は肺で、ここで空気中の酸素の一部が血液中に取り入れられ、血液中から二酸化炭素が出されます。
(2)㋓は血液中に取り入れられているので酸素、㋔は血液中から出されているので二酸化炭素です。
(3)鼻や口から吸いこまれた空気は、気管を通って肺へ送られます。肺で酸素が血液中に取り入れられます。

わかる! 理科 人やイヌは肺で呼吸していますが、魚はえらで呼吸しています。えらでは、水の中にとけている酸素を血液中に取り入れ、血液中から二酸化炭素を水の中に出しています。

[3] (2)〜(4)でんぷんは、だ液のはたらきによって消化され、水にとけやすい養分に変わります。だ液を混ぜていない㋐では、でんぷんが変わっていないのでヨウ素液の色が変わりますが、だ液を混ぜた㋑では、でんぷんが別のものに変わってなくなっているので、ヨウ素液の色は変化しません。
(5)食べ物をかみくだいたり、体に吸収されやすい養分に変えるはたらきを消化といい、だ液や胃液のように消化に関わる液体を消化液といいます。

[4] (1)食べ物は、口、㋐の食道、㋒の胃、㋓の小腸、㋔の大腸、こう門の順に運ばれます。この通り道を消化管といいます。
(2)㋑の肝臓は、消化や吸収に関わっていますが、食べ物が通る消化管ではありません。
(3)小腸で養分や水分が、大腸でさらに水分が吸収され、吸収されず残ったものは、便としてこう門から体の外に出されます。
(5)肝臓は最も大きい臓器で、血液中の養分の一部をたくわえたり、必要なときに養分を血液中に送り出したりしています。

わかる! 理科 肝臓は、養分の一部をたくわえたり、必要なときに養分を血液中に出したりします。また、胆汁（たんじゅう）という消化液をつくって胆のうに送ったり、アルコールなどの体に有害なものを無害なものにつくり変えたりするなど多くのはたらきをもっています。

18ページ　基本のワーク

[1] (1)①肺　②心臓
(2)③酸素　④養分(③、④は順不同)
⑤二酸化炭素

[2] (1)①腎臓　②ぼうこう
(2)③不要　(3)④尿

まとめ　①酸素　②二酸化炭素　③腎臓

19ページ　練習のワーク

[1] (1)心臓
(2)イ　(3)ア
(4)脈はく　(5)伝わっている。
(6)①、④に○

[2] (1)腎臓
(2)背中側
(3)ウ、エ
(4)ウ

てびき [1] (2)(3)心臓から送り出された血液は、全身にはりめぐらされている血管を流れて体中に行きわたったあと、心臓にもどります。心臓にもどる血液は、体の各部分に酸素をわたし、二酸化炭素を取り入れた血液です。この血液は、肺へと送り出されます。肺では血液中から二酸

化炭素が出され、血液中に酸素の一部が取り入れられます。そして酸素を取り入れた血液は心臓にもどり、全身に送り出されます。

(4)(5)心臓の動きが脈はくとして血管に伝わっています。

(6)血液は体の各部分に酸素や養分をわたし、体の各部分で二酸化炭素などを取り入れます。二酸化炭素を取り入れた血液は心臓にもどり、心臓から肺へ送られます。

2 (1)〜(3)腎臓は、体の背中側に左右2つあり、血液中から体に不要なものを取り除き、尿をつくるはたらきをしています。

(4)尿はふくろ状になったぼうこうにためられ、体の外に出されます。

20ページ 基本のワーク

1 (1)①酸素 ②二酸化炭素 ③肺

(2)④肝臓 ⑤胃 ⑥小腸 ⑦大腸

⑧消化管

(3)⑨心臓

まとめ ①血液の流れ ②呼吸

③消化・吸収

21ページ 練習のワーク

1 (1)㋐肺 ㋑腎臓 ㋒肝臓 ㋓大腸

㋔心臓 ㋕胃 ㋖小腸

(2)血液 (3)㋐ (4)㋔

(5)㋒、㋓、㋕、㋖

(6)関わっている。

2 (1)肺 (2)同じ。

(3)イ (4)えら

(5)ちがう。

(6)ア (7)[い]

てびき **1** (2)肺(㋐)で取り入れた酸素や、消化した養分は、血液中に取り入れられ、体の各部分に運ばれます。

(3)呼吸に関わる臓器は肺で、肺は胸の左右に2つあります。

(4)血液の流れに関わる臓器は心臓(㋔)で、心臓は、血液を全身に送り出すはたらきがあります。

(5)人が取り入れた食べ物は、胃(㋕)、小腸(㋖)、大腸(㋓)などを通る間に消化されたり、吸収されたりします。吸収された養分の一部は、肝臓(㋒)にたくわえられます。

2 (1)(2)イヌは、人と同じように、肺(㋐)で空気中の酸素を血液中に取り入れています。

(3)〜(5)フナなどの魚は、人とちがって、えら(㋑)で水中の酸素を血液中に取り入れています。

(6)イヌやフナは、人と同じように心臓のはたらきで血液を全身に送り出しています。血液は、酸素、二酸化炭素、養分などを運んでいます。

22・23ページ まとめのテスト②

1 (1)㋐肺 ㋑心臓

(2)ウ (3)②、③に○

(4)①酸素 ②養分 ③二酸化炭素

(5)脈はく (6)心臓(の動き)

2 (1)㋐えら ㋑心臓

(2)㋑ (3)ア

3 (1)①記号…㋕ 名前…胃

②記号…㋐ 名前…口

③記号…㋖ 名前…小腸

④記号…㋒ 名前…肝臓

⑤記号…㋓ 名前…大腸

⑥記号…㋑ 名前…肺

(2)血液を全身に送り出すはたらき

4 (1)㋐腎臓 ㋑ぼうこう

(2)イ (3)尿

(4)肺

(5)①こう門 ②便

丸つけのポイント

3 (2)血液を全身に送り出していることが書かれていれば正解です。

てびき **1** (2)体の各部分から心臓にもどった血液は、肺へ送られます。肺では、体の各部分で取り入れられた二酸化炭素を血液中から出し、空気中の酸素を血液中に取り入れます。酸素を取り入れた血液は心臓にもどり、全身に送り出されます。

(3)体の各部分から心臓にもどり、心臓から肺に送られる血液は、酸素をわたしたあとの血液が流れています。肺から心臓にもどり、体の各部分に送られる血液は、酸素を取り入れた血液です。

(4)血液は酸素や養分を体の各部分に運び、体の各部分で二酸化炭素や不要になったものを取

り入れています。

酸素が多い血液…肺から心臓にもどる血液、
　心臓から全身に送られる血液

二酸化炭素が多い血液…全身から心臓にもど
　る血液、心臓から肺に送られる血液

養分が多い血液…小腸で養分を吸収して、肝
　臓に向かう血液

不要なものが少ない血液…腎臓で不要になっ
　たものが取り除かれたあとの血液

(5)(6)脈はくは、心臓の動きが手首などの血管
まで伝わったものです。

2 (1)㋐は呼吸を行ううら、㋑は血液を送り出す
心臓です。えらでは、水中の酸素を血液中に取
り入れています。

(2)(3)血液は心臓によって送り出されます。え
らから体の各部分に向かう血液は酸素を多くふ
くみ、酸素をわたしたあとの体の各部分から心
臓やえらにもどる血液は二酸化炭素を多くふく
んでいます。

3 消化や吸収に関係しているのは、口(㋐)、食
道(㋕)、胃(㋔)、小腸(㋖)、大腸(㋓)、こう門
(㋗)、肝臓(㋒)です。呼吸に関係しているのは
肺(㋑)で、心臓は血液の流れに関係しています。

4 (1)〜(3)血液中の不要なものは、腎臓で取り除
かれ、尿としてぼうこうにためられたあと、体
の外に出されます。腎臓は背中側に左右2つあ
る臓器です。

(4)血液中の不要になった二酸化炭素は、肺に
運ばれ、血液中から出されます。肺では血液中
に酸素を取り入れています。

(5)食べ物が消化・吸収されたあとに残った不
要なものは、便としてこう門から体の外に出さ
れます。

3　植物の体

24ページ **基本のワーク**

1 (1)①葉　②くき

(2)③水

(3)④「根」に◯

　(5)「葉」に◯

まとめ　①水　②根　③葉

25ページ **練習のワーク**

1 (1)㋑　(2)㋑　(3)水

(4)根→くき→葉

2 (1)ウ　(2)ア　(3)イ

てびき **1** 植物の体には、水の決まった通り道
があり、根から取り入れた水は、くき、葉へと
運ばれます。そのため、根を赤い染色液にひた
しておくと、水の通り道が赤色に染まります。

植物の水の通り道を道管とい
います。道管の通っている場所は植物によっ
てちがいがありますが、ホウセンカなどのく
きでは、輪のように並んでいます。

2 水は、根から取り入れられて、くきや葉に運
ばれます。このとき、根、くき、葉にある細い
管を通って運ばれます。

26ページ **基本のワーク**

1 (1)①つかない　②つく

(2)③葉

2 (1)①根

(2)②水蒸気　③蒸散

まとめ　①水蒸気　②蒸散

27ページ **練習のワーク**

1 (1)ア　(2)ウ

(3)葉　(4)ア

2 (1)葉

(2)①水　②水蒸気　③蒸散

(3)イ

てびき **1** (1)気温の高い晴れの日は、植物が根
から水をさかんに取り入れるので、実験の結果
がわかりやすいです。

(2)〜(4)㋐のふくろにはほとんど水てきがつき
ませんが、㋑のふくろには水てきがたくさんつ

きます。このことから、根から取り入れられた水は、主に葉から出ていることがわかります。

[2] 根から取り入れられた水は、水が通る細い管を通って、くきや葉に運ばれます。そして、主に葉にある小さな穴から水蒸気となって体の外に出されます。このことを蒸散といいます。

28・29ページ **まとめのテスト①**

[1] (1)㋐　(2)㋒
(3)㋑　(4)㋐
(5)水が通る細い管

[2] (1)㋐葉　㋑くき　㋒根
(2)根
(3)[あ]　(4)③に○

[3] (1)イ
(2)㋐水てきがほとんどついていない。
㋑水てきがたくさんついている。
(3)葉
(4)①根　②くき　③葉

[4] (1)イ　(2)㋒
(3)ウ　(4)水蒸気
(5)蒸散

丸つけのポイント

[3] (2)㋐水てきが少なく、ほとんどついていないことが書かれていれば正解です。
㋑水てきがたくさんついていることが書かれていれば正解です。

[てびき] [1] 根から赤い染色液が取り入れられ、根やくき、葉にある水が通る細い管が赤く染まります。

[2] 水は根から取り入れられ、くきを通って葉に運ばれます。水が通る細い管は体中にあり、水が体中に行きわたります。

[3] (1)㋐では、くきから出てきた水の量を調べることができます。㋑では、くきと葉から出てきた水の量を調べることができます。㋐と㋑を比べると、葉から出てきた水の量を調べることができます。葉からたくさんの水が出ていることを調べるために、葉がついているかどうかだけを変えて、他の条件は同じにして実験をします。

(2)〜(4)根から取り入れられた水は、主に葉から植物の体の外に出されます。そのため、㋐のふくろはほとんど水てきがつきませんが、㋑のふくろはたくさんの水てきがついて、ふくろがくもります。

[4] (1)けんび鏡は、目をいためないように、直接日光が当たらない、明るいところで使います。

(2)〜(5)植物の体の中の水は、主に葉にある小さな穴から、水蒸気になって体の外に出ていきます。この穴は、葉の表面にたくさん見られます。植物の体から水蒸気が出ていくことを蒸散といいます。

30ページ **基本のワーク**

[1] (1)①変わらない。　②変わる。
③変わらない。
(2)④ない。　⑤ある。　⑥ない。
(3)⑦日光　⑧でんぷん

まとめ　①ヨウ素液　②日光
③でんぷん

31ページ **練習のワーク**

[1] (1)イ　(2)ない。　(3)イ
(4)㋑ア　㋒イ
(5)でんぷん　(6)日光

[てびき] [1] (1)日光とでんぷんの関係を調べるためには、植物の葉に日光が当たっていない状態から実験を始める必要があります。調べる前日の午後から葉をアルミニウムはくで包み、調べる日の朝まで葉に日光が当たらないようにします。

(2)調べる日の朝、日光に当てる前の㋐の葉をヨウ素液で調べると、色は変わりません。このことから、朝の時点ではどの葉にもでんぷんがないことが確かめられます。

(3)葉を湯に入れてやわらかくしてから、ろ紙の間にはさみます。

(4)(5)日光に当てなかった㋒はでんぷんができていないので、ろ紙にヨウ素液をかけても色が変わりません。日光を十分に当てた㋑はでんぷんができているので、ろ紙にヨウ素液をかけると色が変わります。

(6)調べる日の朝の時点では葉にでんぷんがありませんでしたが、午後には日光に当てた㋑にでんぷんがありました。このことから、葉に日光が当たるとでんぷんがつくられることがわかります。

32ページ **基本のワーク**

1 ①二酸化炭素　②酸素

2 ①酸素　②二酸化炭素
③酸素　④二酸化炭素
⑤酸素　⑥二酸化炭素
⑦酸素　⑧酸素

まとめ　①二酸化炭素　②酸素
③呼吸

33ページ **練習のワーク**

1 (1)二酸化炭素
(2)㋐酸素　㋑二酸化炭素
(3)図３
(4)①日光　②二酸化炭素　③酸素

2 (1)二酸化炭素　(2)酸素
(3)でんぷん　(4)蒸散　(5)ア

てびき **1** (1)植物は日光に当たると、二酸化炭素を取り入れて酸素を出します。二酸化炭素は空気中に少ししかふくまれていないので、最初に息をふきこんで二酸化炭素を増やしておきます。そうすると、実験の結果(二酸化炭素が減ったこと)がわかりやすくなります。

(2)〜(4)息をふきこんだふくろの中は、酸素が約１８%、二酸化炭素が約３%になっています。１時間日光に当てたあとには、酸素が約２０%に増え、二酸化炭素が約１%に減っています。

2 (1)〜(3)植物に日光が当たると、二酸化炭素を取り入れ、酸素を出します。このときでんぷんがつくられます。

(4)植物が根から取り入れた水は、植物の体の中の細い管を通ってくきや葉に運ばれます。葉に運ばれた水は水蒸気となって、葉にある小さな穴から外に出されます。この現象を蒸散といいます。

(5)植物は、日光が当たっているときは、呼吸で取り入れる酸素の量より出す酸素の量のほうが多くなります。

わかる! 理科　植物の葉に日光が当たると、でんぷんができます。このはたらきを、光合成（こうごうせい）といいます。光合成をするとき、植物は二酸化炭素を取り入れ、酸素を出します。

・植物に日光が当たっていないとき
→呼吸をする。光合成はしない。
酸素を取り入れて、二酸化炭素を出しています。

・植物に日光が当たっているとき
→呼吸をする。光合成もする。
呼吸で酸素を取り入れると同時に、光合成で酸素を出しています。ただし、呼吸で取り入れている酸素の量よりも、光合成で出している酸素の量のほうがはるかに多いので、実験では酸素を出すはたらきしか行っていないように見えます。

34・35ページ **まとめのテスト❷**

1 (1)イ　(2)ア
(3)ない。
(4)葉の色をぬくため。
(5)㋑変わる。　㋒変わらない。
(6)㋑
(7)植物(の葉)に日光が当たるとでんぷんができる。

2 (1)ウ　(2)ろ紙
(3)ヨウ素液
(4)変わる。
(5)変わらない。

3 (1)減った。　(2)増えた。
(3)二酸化炭素を取り入れ、酸素を出していること
(4)①多　②酸素

丸つけのポイント

1 (4)葉の色(緑色)をなくすことが書かれていれば正解です。

(7)日光に当たっているとき、植物にでんぷんができることが書かれていれば正解です。

3 (3)二酸化炭素を取り入れ、酸素を出していることが書かれていれば正解です。

てびき **1** (1)葉の中のでんぷんと日光の関わりを調べるためには、葉の中にでんぷんがない状態から実験を始める必要があります。そのため、調べる日の前日の午後から葉におおいをして日光が当たらないようにして、葉の中のでんぷんを取りのぞいておきます。

(2)(3)調べる日の朝、㋐の葉を切り取り、でん

ぷんがあるかどうかを調べると、㋐の葉にはでんぷんがありません。このことから、調べる日の朝には、葉にでんぷんがないことが確かめられます。

(4)でんぷんがあるかどうかを調べる実験では、ヨウ素液を使います。葉の緑色はヨウ素液による色の変化をわかりにくくしてしまうので、湯につけてやわらかくしてからエタノールで色をぬきます。このとき、エタノールをじかに熱して温めてはいけません。必ず、湯の中に入れて温めます。

(5)～(7)日光に当てる前の葉や、日光に当てていない葉では、でんぷんがないのでヨウ素液にひたしても色が変わりません。日光に当てた葉では、でんぷんができているので、ヨウ素液にひたすと色が変わります。

[2] (1)(2)湯の中に入れてやわらかくした葉をろ紙にはさみ、木づちでたたきます。こうすることで、葉にできたでんぷんをろ紙にうつすことができます。ろ紙にうつる緑色はうすいので、ヨウ素液の色の変化がわかりやすくなります。

(3)～(5)ヨウ素液はでんぷんがあるかないかを調べるときに使います。でんぷんがあるとろ紙の色は変わりますが、でんぷんがないとろ紙の色は変わりません。

[3] (1)～(3)植物に日光が当たると、二酸化炭素を取り入れて、酸素を出すので、二酸化炭素が減り、酸素が増えます。

(4)植物も、動物と同じように1日中呼吸をしています。日光が当たるときは、呼吸のはたらきよりも、二酸化炭素を取り入れて、酸素を出すはたらきのほうが大きいです。そのため、取り入れる酸素の量より、出す酸素の量のほうが多いので全体としては酸素を出していることになります。

4 生き物と食べ物・空気・水

36ページ 基本のワーク

❶ (1)

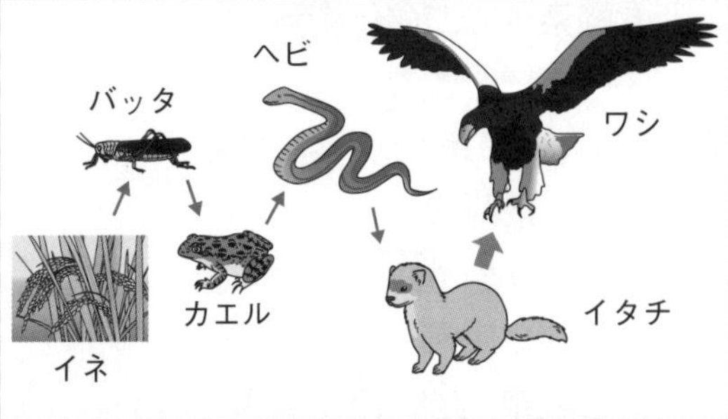

(2)①「植物」に◯　(3)②食物連鎖

❷ (1)①ミジンコ　②ボルボックス
③ミカヅキモ　④アオミドロ
(2)⑤「食べている」に◯

まとめ ①食物連鎖　②水の中

37ページ 練習のワーク

❶ (1)ウ
(2)

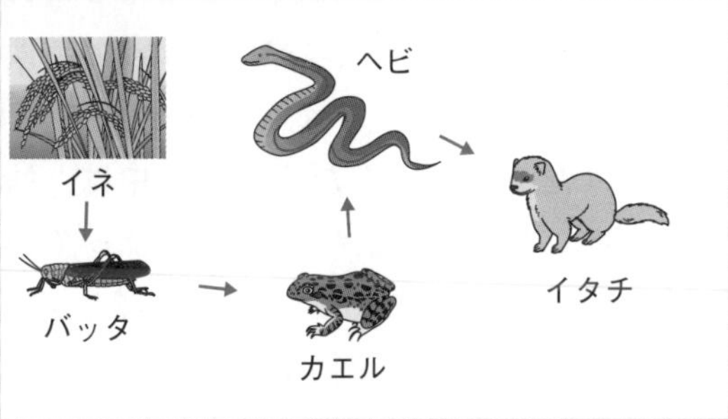

(3)食物連鎖　(4)植物

❷ (1)㋐ミジンコ　㋑ミカヅキモ
㋒ゾウリムシ
(2)㋐　(3)食べる。
(4)つながっている。

[てびき] ❶ (1)～(3)イタチはヘビを食べ、ヘビはカエルを食べ、カエルはバッタを食べ、バッタは植物を食べます。このように、生き物どうしは、食べる・食べられるという関係でつながっています。

(4)食べ物のもとをたどっていくと、植物に行きつきます。動物は食べ物を通して植物とつながっています。

❷ (2)写真の生き物の見た目の大きさはほぼ同じなので、実際の大きさは、観察したときの倍率が低いものほど大きいです。

(3)(4)メダカは水の中の小さい生き物を食べま

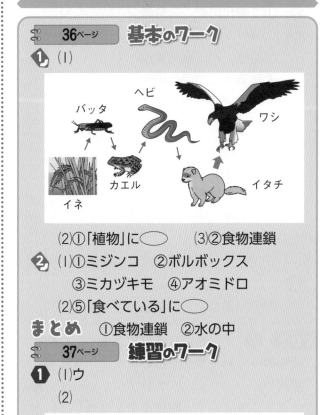

す。水の中の小さい生き物も、より小さい生き物を食べていて、水の中の生き物どうしも食べる・食べられるという関係でつながっています。

38ページ 基本のワーク

[1] ①二酸化炭素　②酸素
③酸素　④二酸化炭素
⑤二酸化炭素　⑥酸素

[2] ①雨　②川　③雲
④蒸発　⑤海

まとめ　①二酸化炭素　②酸素　③循環

39ページ 練習のワーク

[1] (1)ア　(2)酸素
(3)二酸化炭素　(4)㋑

[2] (1)㋒　(2)水蒸気
(3)雨(雪)　(4)川
(5)取り入れている。

てびき [1] (1)日光が当たった植物は、二酸化炭素を取り入れて、酸素を出しています。このとき、養分であるでんぷんがつくられています。

(2)(3)人やイヌなどの動物は、呼吸によって空気中の酸素を取り入れて、二酸化炭素を出しています。

(4)水中の魚も呼吸をしています。人やイヌなどとちがって、えらで水中の酸素を取り入れ、二酸化炭素を出しています。

[2] 地球上の水は、海などから蒸発し、上空で雲になり、雲が雨や雪を降らし、川を流れて海へ注がれます。このように、水は姿を変えながら地球上を循環しています。水が地球上を姿を変えて循環する中で、人や動物が水を飲んだり、植物が根から水を取り入れたりしています。

40・41ページ まとめのテスト

[1] (1)㋑　(2)㋐、㋒、㋓
(3)植物　(4)植物

[2] (1)㋐　(2)㋑
(3)食物連鎖
(4)㋐→㋒→㋔→㋓→㋑

[3] (1)㋐ボルボックス
㋑ミジンコ
㋒ミカヅキモ
(2)㋒　(3)食べる。
(4)ある。

[4] (1)①酸素　②二酸化炭素
③二酸化炭素　④酸素
(2)イ
(3)①蒸発　②雲　③雨　④川
⑤変えながら

てびき [1] (1)(2)人は、動物や植物を食べて養分を得ています。

(3)(4)人に食べられるニワトリは、トウモロコシなどでつくられた飼料を食べています。このように人は生き物と、食べ物を通してつながっていて、食べ物のもとをたどると植物に行きつきます。

[2] 植物はバッタに食べられ、バッタはカエルに食べられ、カエルはヘビに食べられ、ヘビはイタチに食べられます。このように生き物どうしは、食物連鎖の関係でつながっています。

[3] (1)㋐のボルボックス、㋒のミカヅキモは自分で養分をつくり出しています。

(2)大きい倍率で観察している生き物ほど、実際の大きさは小さいです。

(3)(4)ミジンコは動きまわり、自分より小さい生き物を食べています。また、ミジンコはメダカなどに食べられます。このように、陸上だけでなく、水の中の生き物どうしにも食べる・食べられるという関係があります。

[4] (1)動物も植物も、呼吸によって酸素を取り入れて二酸化炭素を出しています。日光が当たった植物は、二酸化炭素を取り入れて酸素を出しています。このように生き物は、空気を通して関わり合っています。

(2)動物も植物も、生きていくためには水が必要です。

(3)地球上の水は、水、水蒸気、雨・雪などに姿を変えながら、つねに地球上を循環しています。そして、人や他の動物、植物はさまざまな場所で水を取り入れています。

5 てこ

42ページ 基本のワーク

[1] (1)①作用点　②支点　③力点
(2)④てこ

[2] ①小さくなる。　②大きくなる。
③大きくなる。　④小さくなる。

まとめ　①支点　②変わる

43ページ 練習のワーク

1 (1)あ作用点　い支点　う力点
(2)い、う　(3)イ　(4)ア

2 (1)ア　(2)イ　(3)ア

てびき **1** (1)てこでは、棒を支えるところを支点、力を加えるところを力点、ものに力をはたらかせるところを作用点といいます。

(2)作用点の位置を変えたときの手ごたえのちがいを調べるので、作用点の位置だけを変え、支点と力点の位置は変えません。

(3)(4)作用点の位置を支点に近づけるほど、手ごたえは小さくなります。

2 力点の位置を変えたときの手ごたえのちがいを調べるので、力点の位置だけを変え、支点と作用点の位置は変えません。力点の位置を㋐のほうに変えると手ごたえは大きくなり、力点の位置を㋑のほうに変えると手ごたえは小さくなります。このことから、力点の位置を支点から遠ざけるほど、手ごたえは小さくなることがわかります。

44ページ 基本のワーク

[1] (1)①水平　②右　③左　④左　⑤水平
(2)⑥$\frac{1}{2}$　⑦$\frac{1}{3}$　(3)⑧重さ　⑨きょり

まとめ　①支点からのきょり
②水平につりあう

45ページ 練習のワーク

1 (1)支点
(2)①左　②左　③左
④水平　⑤右　⑥右

2 (1)㋐左　㋑水平　㋒右
(2)おもりの重さ、支点からのきょり
（順不同）
(3)80g　(4)2

てびき **1** (2)てこをかたむけるはたらきの大きさは、（おもりの重さ）×（支点からのきょり）で表せます。左側の目盛り4のところに、おもりが1個つり下げられているので、てこを左側にかたむけるはたらきは、10×4＝40となります。①～⑥のそれぞれで、てこを右側にかたむけるはたらきは、①10、②20、③30、④40、⑤50、⑥60となります。①～③ではてこを左側にかたむけるはたらきのほうが大きいので左側にかたむきます。④では、てこをかたむけるはたらきが左右で等しいので、水平につりあいます。⑤、⑥では、てこを右側にかたむけるはたらきのほうが大きいので、右側にかたむきます。

2 (1)図で、てこを左側にかたむけるはたらきは、40×2＝80です。右側にかたむけるはたらきは、㋐20×3＝60、㋑20×4＝80、㋒20×5＝100となるので、㋐は左、㋑は水平、㋒は右となります。

(3)てこを左側にかたむけるはたらきは40×2＝80です。右側の目盛り1のところにつるして水平にするので、おもりの重さを□gとすると、□×1＝80、□＝80より、右側に80gのおもりをつり下げると、てこは水平につりあいます。

(4)てこを左側にかたむけるはたらきは、20×2＝40です。右側にかたむけるはたらきを40にするには、右側のおもりをつり下げる目盛りを□として、20×□＝40、□＝2より、目盛り2のところにつり下げます。

46ページ 基本のワーク

[1] (1)①力点　②支点　③作用点
(2)④小さい　⑤大きい

[2] ①作用点　②力点　③支点
④作用点　⑤支点　⑥力点
⑦支点　⑧力点　⑨作用点

まとめ　①てこ　②支点

47ページ 練習のワーク

1 (1)㋐支点　㋑作用点　㋒力点
(2)イ

(3)せんぬき…ア
ピンセット…イ

2 (1)㋐　(2)㋐、㋑
(3)ア、エ

[てびき] **1** 身のまわりには、てこのはたらきを利用したいろいろな道具があります。せんぬきは、作用点が支点と力点の間にあります。このようなてこは、加えた力よりも大きい力を作用点にはたらかせることができます。ピンセットは力点が支点と作用点の間にあります。このようなてこは、加えた力よりも作用点にはたらく力を小さくすることができるので、細かい作業を行うのに適しています。

2 (1)くぎぬきは、支点が力点と作用点の間にあるてこのはたらきを利用した道具です。このようなてこは、作用点を支点に近づけ、力点を支点から遠ざけることで力点で加える力が小さくても、作用点に大きい力をはたらかせることができます。

(2)㋐の支点が力点と作用点の間にあるてこと㋑の作用点が支点と力点の間にあるてこは、加えた力よりも大きい力を作用点にはたらかせることができます。

(3)ペンチは、㋐の支点が力点と作用点の間にあるてこのはたらきを利用した道具で、加えた力よりも大きい力を作用点にはたらかせることができます。パンばさみは、㋒の力点が支点と作用点の間にあるてこのはたらきを利用した道具です。力点に加えた力よりも作用点ではたらく力は小さくなるので、パンをつぶすことなくつかむことができます。

48・49ページ　まとめのテスト

1 (1)㋐作用点　㋑支点　㋒力点
(2)㋑、㋒
(3)②　(4)㋐、㋑
(5)④　(6)イ、ウ

2 (1)図1…水平になる。
図2…右にかたむく。
(2)㊀　(3)㋑

3 (1)(おもりの重さ)×(支点からのきょり)
(2)① 120　② 2　③ 40　④ 6

4 (1)①イ　②ア　③ウ　④ア　⑤ウ　⑥イ
(2)㋑

[てびき] **1** (2)(3)作用点の位置と手ごたえの関係を調べたいとき、作用点の位置だけを変えて、支点と力点の位置は同じにして実験します。このとき、作用点の位置を支点に近づけるほど、手ごたえが小さくなり簡単にものを持ち上げることができます。

(4)(5)力点の位置と手ごたえの関係を調べたいとき、力点の位置だけを変えて、支点と作用点の位置は同じにして実験します。このとき、力点の位置を支点から遠ざけるほど、手ごたえが小さくなり簡単にものを持ち上げることができます。

2 (1)左右の(おもりの重さ)×(支点からのきょり)は次のようになっています。
図1で、てこを左側にかたむけるはたらきは、20×2＝40、右側にかたむけるはたらきは、20×2＝40となっているので、てこは水平につりあいます。
図2で、てこを左側にかたむけるはたらきは、20×2＝40、右側にかたむけるはたらきは、20×3＝60なので、右にかたむきます。

(2)図3で、てこを左側にかたむけるはたらきは、20×4＝80なので、てこを右側にかたむけるはたらきが80となるようにします。おもりを2個つり下げるので、おもりをつり下げる目盛りを□とすると、20×□＝80より、□＝4となり、目盛り4のところにつり下げるとてこが水平につりあいます。

(3)てこを右側にかたむけるはたらきが80になるようにします。おもりを4個つり下げるので、おもりをつり下げる目盛りを□とすると、40×□＝80より、目盛り2のところにつり下げます。

3 (2)それぞれで、左右の(おもりの重さ)×(支点からのきょり)が等しいと、てこは水平につりあいます。
てこを左側にかたむけるはたらきは、30×4＝120なので、てこを右側にかたむけるはたらきが120になるとき、てこが水平につりあいます。

①おもりの重さを□gとすると、

120＝□×｜となるので、□＝120より、120gのおもりをつり下げると水平につりあいます。

　　②おもりをつり下げる目盛りを□とすると、120＝60×□となるので、□＝2より、支点からのきょりが2の目盛りにおもりをつり下げると水平につりあいます。

　　③おもりの重さを□gとすると、120＝□×3となるので、□＝40より、40gのおもりをつり下げると水平につりあいます。

　　④おもりをつり下げる目盛りを□とすると、120＝20×□となるので、□＝6より、支点からのきょりが6の目盛りにおもりをつり下げると水平につりあいます。

わかる！理科　支点からのきょりが2倍、3倍、…になったとき、おもりの重さを$\frac{1}{2}$倍、$\frac{1}{3}$倍、…にするとてこが水平につりあいます。この関係を反比例といいます。「おもりの重さは支点からのきょりに反比例している。」といえます。

4 (1)身のまわりには、てこのはたらきを利用したいろいろな道具があります。くぎぬき、ペンチは支点が力点と作用点の間にあるてこのはたらきを利用した道具です。この場合は、力点に加える力よりも作用点に大きい力をはたらかせることができるように使われています。せんぬき、空きかんつぶし機は作用点が支点と力点の間にあるてこのはたらきを利用した道具です。このてこは、力点に加える力よりも作用点に大きい力をはたらかせるときに使われます。ピンセット、和ばさみは力点が支点と作用点の間にあるてこのはたらきを利用した道具です。このてこは、力点に加えた力よりも作用点にはたらく力を小さくしたいときに使われます。

　　(2)はさみは、支点が力点と作用点の間にあるてこのはたらきを利用した道具で、作用点を支点に近づけるほど、小さい力で紙を切ることができます。そのため、はさみのはの支点に近い方で切るようにすると、手ごたえは小さくなります。

---

6 土地のつくり

50ページ　基本のワーク

1 (1)①地層
　(2)②れき　③砂　④どろ

2 (1)①ボーリング
　(2)②ボーリング試料

まとめ　①地層　②ボーリング試料

51ページ　練習のワーク

1 (1)地層　　(2)広いはんい
　(3)①れき　②砂　③どろ

2 (1)イ　　(2)ボーリング試料
　(3)ア

てびき **1** (1)しま模様に見える層の重なりを地層といいます。

　(2)地層は、いくつかの層が広いはんいにわたって積み重なってできています。

　(3)地層に見られる土は、つぶの大きいものから順に、れき、砂、どろに分けられます。

2 建物を建てるときには、地下の土地のつくりなどを調べるために、パイプを深く打ちこんで土をほり取ります。ほり取った土はボーリング試料として保管されます。

52ページ　基本のワーク

1 (1)①れき　②砂　③どろ
　　（①、②は順不同）
　(2)④水

2 ①たい積岩　②れき岩
　③砂岩　④でい岩

まとめ　①流れる水　②たい積岩

53ページ　練習のワーク

1 (1)㋐ウ　㋑ア
　(2)上に積もる。
　(3)流れる水(のはたらき)

2 (1)イ　　(2)砂岩
　(3)でい岩　　(4)れき岩

てびき **1** この実験では、といが川を表し、水そうが海を表していて、土が川を流れて海の底に積もる様子を調べます。

　(1)つぶの大きいれきや砂が下に積もり、れきや砂の上にどろが積もります。

(2)(3)1回めにできた層の上に2回めの層が積み重なります。このように、流れる水のはたらきによって、海や湖の底で土がくり返し積み重なり、地層ができます。

2 (1)流れる水のはたらきによって運ぱんされたれき、砂、どろは、つぶの大きさで分かれて層になり、海や湖の底にたい積します。これをくり返し、いくつもの層が積み重なった地層ができます。

(2)～(4)流れる水のはたらきによって運ばれ、たい積した土が、上にたい積したものの重さで、長い年月をかけておし固められてできた岩石をたい積岩といいます。たい積岩のうち、砂が固まってできた岩石を砂岩、どろが固まってできた岩石をでい岩、れきなどが固まってできた岩石をれき岩といいます。

> 💡 **わかる! 理科**　地層の石の特ちょう
> 水のはたらきでできた地層の石
> ・丸く小さい。
> ・れきは川原の丸い石（れき）に似ている。
> 火山のふん火でできた地層の石
> ・角ばっている。
> ・小さな穴がたくさんあいている。

54・55ページ　まとめのテスト①

1 (1)地層
(2)どろ→砂→れき
(3)う　　(4)あ
(5)続いている。　　　(6)イ
2 ①○　②×　③×　④○　⑤○　⑥×
⑦×　⑧○
3 (1)とい…川　水そう…海
(2)れき　　(3)イ
(4)上に積もる。　　(5)オ
(6)ア　　(7)海の底
(8)(角がとれて)丸みを帯びている。
(9)たい積岩　　(10)う

丸つけの ポイント
3 (8)角がとれているなど、同じ意味のことが書かれていれば正解です。

てびき **1** (2)地層をつくる土のつぶの大きさが小さいものから順に、どろ、砂、れきといいます。

どろのつぶは、見えないくらい小さく、砂のつぶははっきり見えます。れきは大きさが2mm以上のつぶです。

(3)(4)つぶが見えないうがどろです。つぶの大きさが2mm以上あるあがれき、いが砂です。

(5)地層は、表面だけではなく、おくまで続いています。

(6)砂の層は、つぶがはっきり見えます。グラニュー糖や食塩くらいの大きさで、さわるとざらざらしています。つぶがベビーパウダーのように細かく、さわるとぬるぬるしているのはどろで、つぶが氷砂糖くらいの大きさで、さわるとごろごろしているのはれきです。地層をつくっている土のつぶは、つぶの大きさや手ざわりなどがちがっています。

2 ①広いはんいで層になって重なり合っているものを地層といいます。

②③学校やビルなどを建てる前には、土をほり取って地下の様子を調べます。ほり取った土はボーリング試料として保管され、土地のつくりなどの地下の様子を知るために使われます。

④～⑦地層をつくっている層の色や厚さ、つぶの色や大きさは、層によってちがっています。これらの層が積み重なることで、地層はしま模様に見えます。

⑧れき岩や砂岩、でい岩は地層のつぶが固まってできた岩石です。

3 (1)土が川を流れて海の底に積もる様子を表しています。

(2)つぶが大きいものから順に、れき、砂、どろに分けられます。

(3)つぶの大きいれきや砂が下に積もります。つぶの小さいどろはその上に積もります。

(4)(5)1回めのどろの層の上に、2回めのれきと砂、その上にどろが積もります。

(6)(7)流れる川の水のはたらきによって、れき、砂、どろが流され、海の底に積もります。このとき、れき、砂、どろは、つぶの大きさによって分かれて積もります。これがくり返され、地層ができます。

(8)水のはたらきでできた層で見られるれきは、川原にあるれきと同じように、丸みを帯びています。

(9)たい積した層が、上にたい積したものの重

みで、長い年月をかけておし固められてできた岩石を、たい積岩といいます。

⑽どろが固まってできた岩石をでい岩、砂が固まってできた岩石を砂岩、れきなどが固まってできた岩石をれき岩といいます。

56ページ 基本のワーク

[1] ①化石

[2] ⑴①化石　⑵②おし上げ

まとめ ①化石　②海の底

57ページ 練習のワーク

[1] ⑴化石　⑵②に○
⑶①に○

[2] ⑴イ　⑵ウ　⑶イ

[てびき] [1] 地層の中には、昔の動物や植物の死がいや生活のあとが残されていることがあります。これを化石といいます。

[2] 陸上で見られる地層の中から、海の生き物の化石が見つかることがあります。これは、地層ができるときに、海の生き物の死がいなどが砂やどろの層にうもれて化石になったものが、長い年月をかけて海の底からおし上げられて、陸上で見られるようになったものです。

58ページ 基本のワーク

[1] ①マグマ　②火山灰

[2] ⑴①火山灰　⑵②ペトリ皿

まとめ ①ふん火　②火山灰

59ページ 練習のワーク

[1] ⑴火山灰　⑵マグマ　⑶イ

[2] ⑴ウ　⑵ペトリ皿　⑶ア

[てびき] [1] ⑴火山がふん火すると、火口から火山灰などがふき出し、広いはんいに降り積もることがあります。

⑵地中深くには、マグマというどろどろにとけたものがあります。

⑶火山灰などが降り積もって、地層になることがあります。

[2] ⑴⑵火山灰は、火山がふん火したときに火口から出る小さいつぶです。火山灰を蒸発皿に入れて、水がにごらなくなるまで洗ってから、ペトリ皿に入れ、かいぼうけんび鏡で観察します。

⑶かいぼうけんび鏡を使って観察すると、小さなものが大きく見えます。いろいろな色をした、角ばったつぶが観察できます。

60ページ 基本のワーク

[1] ⑴①火山灰　②溶岩
⑵③島　④新しい山

[2] ①地割れ　②断層

まとめ ①火山灰　②溶岩　③地割れ

61ページ 練習のワーク

[1] ⑴ウ　⑵イ　⑶ある。

[2] ⑴断層　⑵ウ　⑶地割れ

[てびき] [1] 火山がふん火すると、火山灰が降り積もったり、溶岩が流れ出たりします。その結果、新しい山ができる、土地が溶岩や火山灰におおわれる、もともとはなれていた島と陸がつながる、川がせき止められて湖ができるなど、土地の様子が大きく変化することがあります。図１は、火山のふもとが、ごつごつした溶岩におおわれている様子、図２は、鳥居が火山灰にうもれている様子です。

[2] 土地に大きい力が加わると、土地がずれることがあります。このずれを断層といいます。大規模な地震が起こると、断層が地表に現れることがあります。また、地震によって、地割れができたり、海底だったところが陸地になったり、山くずれが発生したりして、土地の様子が大きく変化することがあります。

62・63ページ まとめのテスト②

[1] ⑴ア、ウ
⑵㋐ア　㋑イ　㋒ウ

[2] ⑴化石　⑵ウ
⑶イ→ア→ウ

[3] ⑴火山灰
⑵ア→ウ→エ→イ
⑶㋒　⑷ある。

[4] ⑴①㋓　②㋔　③㋐　④㋑　⑤㋒
⑵地震

[てびき] [1] ⑴地層の中に残された、動物や植物の死がいや生活のあとを化石といいます。

⑵㋐はビカリア、㋑はアンモナイト、㋒は木

の葉の化石です。

2 (2)(3)海で生活をしていた貝や魚などの上に、川から土が流れこみ、どろや砂の層に貝や魚などがうもれます。その後、うもれた貝や魚などは化石になります。化石をふくむ地層が長い年月をかけておし上げられて陸地になり、化石が陸上で見られるようになります。

3 (1)火山がふん火したときなどに火口から出た小さい固体のつぶを火山灰といいます。

(2)火山灰を蒸発皿に取り、水を加えて指でおすようにして洗います。にごった水は捨て、新しい水を加えて、水がにごらなくなるまでくり返し洗います。水がにごらなくなったら火山灰をかわかし、ペトリ皿に入れて、かいぼうけんび鏡で観察します。

(3)火山灰をかいぼうけんび鏡で観察すると、角ばったつぶが見られます。

(4)地層の中には、れき、砂、どろなどでできたものが多いですが、火山灰でできたものもあります。

4 (1)㋐は地震のときにできた断層が見られる土地の様子を表しています。土地がずれている様子がわかります。

㋑は、火山の活動によって土地が盛り上がってきた、新しい山の様子を表しています。昭和新山は、1943年から始まった火山の活動によってできました。

㋒は、火山がふん火して、火口から溶岩が流れ出ている様子を表しています。

㋓は、地震によって起こった山くずれの様子を表しています。

㋔は、火山のふん火によって流れ出た溶岩で新しくできた島が大きくなり、もともとあった島と合体した様子を表しています。

地震や火山と災害

てびき **1** (1)㋐の標高表示は、その地点の標高を示しています。標高表示を示すことで、津波への備えをうながしています。

㋑は、地震などの強いゆれによって、割れ目(地割れ)ができ、道路がこわれた様子を表しています。

㋒は、津波によるひ害を防ぐために、海岸につくられた高いてい防の様子を表しています。

㋓は、地震によって土砂がくずれた様子を表しています。

㋔は地震の強いゆれにたえられるように、補強した建物の様子を表しています。

(2)気象庁は、全国約670か所に震度計を設置し、地震の観測を行っています。地震が起きると、直後にゆれの大きさや津波の危険性などを示し、注意を呼びかけています。

2 (1)火山がふん火すると、地面が流れ出た溶岩におおわれたり、火山灰が降り積もったりして、大きいひ害が生じることがあります。火山活動が活発になったときに備えて、ひなん所をつくったり、火山ハザードマップを作成して、危険な場所やひなん経路を確認したりしておくことが必要になります。

(2)①日本には多くの火山があり、活発に活動を続けているものもあります。

②火山の活動の高まりが見られたときには、警報や予報などを出し、注意を呼びかけています。情報は気象庁のウェブサイトでも確認することができます。

③火山は火山活動によって災害をもたらすこともありますが、周辺には温泉がわき出たり、美しい景観で人々を楽しませたりして、私たち

にめぐみをあたえてくれることもあります。

④自分自身の身を守るため、防災訓練を行うなど、防災の意識を高め、日ごろから、災害に備えておく必要があります。

7 月の見え方と太陽

66ページ 基本のワーク

1 (1)①新月　②三日月　③満月
(2)④大きい　⑤太陽　⑥太陽

まとめ ①太陽　②位置の関係

67ページ 練習のワーク

1 (1)光っている側　(2)ア
(3)位置…イ　形…イ

2 (1)ア
(2)①㋐　②㋗　③㋕　④㋓
⑤㋑　⑥㋒　⑦㋔　⑧㋖
(3)㋐新月　㋑満月　㋔下弦の月(半月)
㋗三日月
(4)㋐→㋗→㋕→㋓→㋑→㋒→㋔→㋖
(5)位置の関係

[てびき] **1** (1)日によって、月の見える形はちがいますが、太陽はいつも月の光っている側にあります。

(2)(3)数日後の同じ時刻に調べると、太陽の位置はほとんど変わっていませんが、月の見える位置や形は変わっています。右側が光っている月は、日がたつにつれて、東の方に位置が変わり、形は少しずつふくらんで丸い形に近くなります。

2 (1)太陽は月の光っている側にあるので、図1では、太陽は図の右側にあります。

(2)(3)月が①の位置にあるときは、地球からは月を見ることができません(新月)。⑤の位置にあるときは、月は丸く光って見えます(満月)。③の位置にあるときも⑦の位置にあるときも半月ですが、地球の位置から見ると、光っている側が反対に見えます。③の位置にあるときは右半分が光っている上弦の月、⑦の位置にあるときは左半分が光っている下弦の月です。地球からは、②～④の位置にあるとき、月は右側の部分が光って見え、⑥～⑧の位置にあるとき、月は左側の部分が光って見えます。

(4)㋐の新月から、日がたつにつれ、光っている部分の右側からふくらんでいき、㋑の満月になります。そのあとは、右側からだんだん欠けていき、㋐の新月にもどります。

(5)月の形が変わって見えるのは、月と太陽の

位置の関係が変わるからです。観察する人から見た月と太陽の角度が大きいほど、月の形は丸く見えます。

わかる! 理科 地球から見たときの月と太陽の位置の関係が変わるため、日によって月の形が変化して見えます。
新月のあと、右側から光っている部分が太くなり、満月になります。そして、右側から光っている部分が細くなり、新月にもどります。

68・69ページ まとめのテスト

[1] (1)[い]　(2)ウ
(3)㋐新月　㋑三日月　㋓満月
(4)[あ]　(5)㋓

[2] ㋐
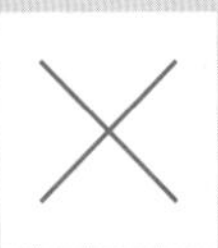
㋑
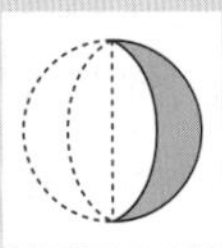
㋒
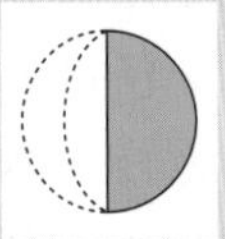
㋓
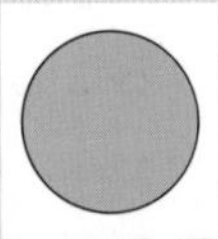
㋔
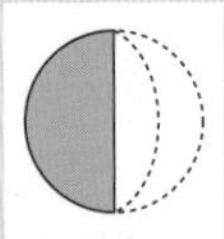

[3] (1)人…地球　ライト…太陽　ボール…月
(2)㋐⑧　㋑⑦　㋒④　㋓⑤
(3)観察する人(地球)から見た月と太陽の位置の関係

[4] (1)イ　(2)㋑　(3)㋐　(4)[お]

丸つけのポイント
[3] (3)太陽と月の2つと、その位置の関係について書かれていれば正解です。

てびき [1] (1)(2)月の光っている側にはいつも太陽があります。
(3)㋒のように、右半分が光って見える半月を上弦の月といいます。
(4)図1のような半月が南の空に見えるのは夕方で、太陽は西の空([い]の方向)にあります。2日後の同じ時刻は、[あ]の方向に図1の月よりも光って見える部分がふくらんだ月が見られます。
(5)太陽が西にしずむころ、月が東からのぼってくるので、地球から見て、月と太陽が反対の方向にあるとわかります。このとき、地球から見た月と太陽の角度はいちばん大きいです。よって見られた月は満月だとわかります。

[2] 月は、地球から見て、月と太陽の角度が小さいほど細く、角度が大きいほど丸く見えます。太陽の方向(㋐)にあるときは新月、太陽と反対の方向(㋓)にあるときは満月です。観察する人から見た月と太陽の角度が90度になるとき(㋒、㋔)は半月です。ただし、地球から㋒の半月を見ると、右半分が、㋔の半月を見ると、左半分が光って見えます。

[3] ボールが光って見える部分が、月の光って見える部分を表しています。人の場所から見ると、①は見えず、②から⑤へと光って見える部分がだんだん増えていき、⑤から⑧へと光って見える部分がだんだん減っていきます。
(2)それぞれの位置のボールが表しているのは、①新月、②三日月、③上弦の月、⑤満月、⑦下弦の月です。
(3)月の見え方は、観察する人から見た月と太陽の位置の関係によって決まります。

[4] (1)月の右側が光っていることから、太陽は南西にあることがわかります。
(2)2日後の同じ時刻に月を観察すると、太陽と月の位置の関係が変わります。月の見える位置は西から東へ変わり、月の光っている部分の形も変わります。
(3)地球から見た月と太陽の角度が大きいほど、月の形は丸く見えます。
(4)月の見え方は、およそ1か月かけて変わり、もとの形にもどります。そのため、1週間前には、新月となります。

8　水溶液

70ページ　基本のワーク

❶ ①ラベル　②決められた　③保護眼鏡
④(手前に)あおぐ　⑤こまごめピペット

❷ ①色がなくとうめい
②色がなくとうめい
③ない　④ない
⑤何も出てこない
⑥白い固体が出る

まとめ　①におい　②蒸発　③性質

71ページ　練習のワーク

❶ (1)イ　(2)イ　(3)②、③に○

❷ (1)イ
(2)少しにおう水溶液…ア
つんとにおう水溶液…オ
(3)ア、イ、オ　(4)エ

てびき ❶ (1)液が飛び散るおそれがある実験では、目を守るために保護眼鏡をかけます。

(2)有害な気体が発生することがあるので、必ずかん気をします。

(3)①使い終わった水溶液は、決められた容器に集めます。

②水溶液には有害なものもあるので、さわったりなめたりしてはいけません。

③水溶液が目に入ったり、手についたりしたときは、すぐに大量の水でよく洗い流します。

④鼻を近づけて直接においをかいではいけません。手で手前にあおぐようにしてにおいをかぎます。

❷ (1)炭酸水からはあわが出ていて、見た様子が他の水溶液とちがいます。

(2)うすい塩酸は少しにおい、うすいアンモニア水はつんとにおいます。炭酸水、食塩水、石灰水にはにおいがありません。

(3)うすい塩酸、炭酸水、うすいアンモニア水は、水を蒸発させても固体は出てきません。食塩水と石灰水は、水を蒸発させると白い固体が出てきます。

(4)二酸化炭素を石灰水にふれさせると、石灰水は白くにごります。

72ページ　基本のワーク

❶ ①アルカリ　②青　③酸　④赤

❷ (1)①赤　②赤　③赤　④青　⑤青　⑥青
にぬる。
(2)⑦酸　⑧中　⑨アルカリ

まとめ　①リトマス紙　②中性

73ページ　練習のワーク

❶ (1)ウ　(2)ア
(3)ウ　(4)3つ

❷ (1)㋓、㋔　(2)アルカリ性
(3)㋐、㋑　(4)酸性
(5)㋒　(6)中性

てびき ❶ (1)リトマス紙を直接手でさわると、手のあせなどで色が変わってしまうことがあるのでピンセットで取り出します。

(2)(3)水溶液をリトマス紙につけるときは、ガラス棒を使います。他の水溶液と混ざらないように、ガラス棒は調べる水溶液ごとによく洗って、かわいた布でふいてから使います。

(4)リトマス紙の色の変化から、水溶液を酸性、中性、アルカリ性の3つに分けることができます。

❷ 酸性の水溶液(㋐、㋑)は、青色のリトマス紙の色を赤く変えます。赤色のリトマス紙の色は変えません。中性の水溶液(㋒)は、どちらのリトマス紙の色も変えません。アルカリ性の水溶液(㋓、㋔)は、赤色のリトマス紙の色を青く変えます。青色のリトマス紙の色は変えません。

74ページ　基本のワーク

❶ (1)①二酸化炭素　(2)②へこむ
(3)③とける

❷ (1)①何も出てこない
②何も出てこない
③何も出てこない
(2)④気体

まとめ　①気体　②二酸化炭素

75ページ　練習のワーク

❶ (1)白くにごる。　(2)二酸化炭素
(3)へこむ。　(4)水にとけたから。
(5)炭酸水　(6)ウ

❷ (1)食塩水、石灰水

(2)炭酸水、うすい塩酸、
うすいアンモニア水
(3)うすい塩酸…ウ
炭酸水…ア
うすいアンモニア水…イ

てびき [1] (1)(2)炭酸水は二酸化炭素が水にとけた水溶液なので、炭酸水から出ているあわを石灰水にふれさせると、石灰水は白くにごります。

(3)(4)ペットボトルの中の二酸化炭素が水にとけたため、その分だけ体積が減り、ペットボトルがへこみます。

(5)(6)二酸化炭素が水にとけた水溶液なので、炭酸水です。このように、水溶液には気体がとけているものがあります。

[2] (1)(2)固体がとけている水溶液(食塩水、石灰水)は、水を蒸発させると固体が出ます。気体がとけている水溶液(炭酸水、うすい塩酸、うすいアンモニア水)は、水を蒸発させても何も出てきません。

76・77ページ まとめのテスト①

[1] (1)①炭酸水 ②うすい塩酸
③石灰水 ④うすいアンモニア水
(2)③、⑤
(3)①、②、④
(4)①、②、④
(5)白くにごる。 (6)二酸化炭素

[2] ①○ ②○ ③× ④×
⑤○ ⑥× ⑦× ⑧○

[3] (1)[い]
(2)㋐イ ㋑イ ㋒イ ㋓ア ㋔ア
(3)㋐ア ㋑ア ㋒イ ㋓イ ㋔イ
(4)㋐酸性 ㋑酸性 ㋒中性
㋓アルカリ性 ㋔アルカリ性
(5)塩化水素…㋐ アンモニア…㋔

[4] (1)へこむ。
(2)二酸化炭素が水にとけたから。
(3)炭酸水

丸つけのポイント

[4] (2)二酸化炭素という気体と、その気体がとけたことが書かれていれば正解です。

てびき [1] (1)①はあわが出ていることから炭酸水だとわかります。②、④は、においの特ちょうからそれぞれうすい塩酸、うすいアンモニア水だとわかります。⑤は食塩水となっているので、残った③が石灰水です。

(2)固体がとけている水溶液の、石灰水、食塩水を選びます。

(3)(4)水を蒸発させたとき、何も出てこないのは気体がとけている水溶液です。気体がとけている水溶液は、炭酸水、うすいアンモニア水、うすい塩酸です。

(5)(6)炭酸水には二酸化炭素がとけているので、石灰水が白くにごります。

[2] ③保護眼鏡は液が目に入らないようにするために使います。

④においをかぐときは、鼻を直接近づけるのではなく、手で手前にあおぐようにします。

⑥試験管やビーカーなどには、水溶液をまちがえないように、水溶液の名前を書いたラベルをはるようにします。

⑦使い終わった水溶液は決められた容器に分けて集めます。

[3] (1)ガラス棒を使って、リトマス紙のはしに水溶液をつけます。

(2)(3)赤色のリトマス紙は、アルカリ性の水溶液をつけたときに青色に変わります。青色のリトマス紙は、酸性の水溶液をつけたときに赤色に変わります。中性の水溶液をつけても、どちらのリトマス紙の色も変わりません。

(4)うすい塩酸と炭酸水は酸性の水溶液、食塩水は中性の水溶液、石灰水とうすいアンモニア水はアルカリ性の水溶液です。

(5)うすい塩酸、うすいアンモニア水は、それぞれ気体の塩化水素、アンモニアがとけた水溶液です。

[4] 二酸化炭素が水にとけ、その分のペットボトル内の体積が小さくなったためにペットボトルがへこみます。二酸化炭素が水にとけた水溶液を炭酸水といいます。

わかる!理科 実験でできた炭酸水は、とけている二酸化炭素が少ないのであわが出ません。売られている炭酸水は、たくさんの二酸化炭素がとけているので、水にとけ切れなくなった二酸化炭素があわとして出てきます。

78ページ 基本のワーク

[1] ①気体(あわ) ②とける

[2] (1)①白

(2)②出ない ③出る ④出ない

(3)⑤別の

まとめ ①別のもの ②金属

79ページ 練習のワーク

1 (1)こまごめピペット (2)ア

2 (1)イ、エ (2)ア

(3)イ (4)とけない。

(5)とける。 (6)いえない。

(7)アルミニウムをとかし、性質のちがう、別のものに変えるはたらき

丸つけのポイント

2 (7)アルミニウムという言葉と、別のものに変えることが書かれていれば正解です。

てびき 1 (1)こまごめピペットは、液を別の容器に移すために使う器具です。ゴム球を指でおしたまま、器具の先たんを液に入れ、ゴム球をおす指をゆるめると液体を吸い入れることができます。再びゴム球をおすと、吸い入れた液体がおし出され、試験管に液を注ぐことができます。

(2)うすい塩酸をアルミニウムに注ぐと、気体が発生してアルミニウムがとけます。

わかる! 理科 金属に塩酸を注いだときに出るあわは、水素という気体です。塩酸を鉄やアルミニウムに注ぐと、どちらもとけます。水酸化ナトリウム水溶液という水溶液はアルミニウムをとかしますが、鉄はとかしません。このように、水溶液によってとかす金属がちがいます。

2 (1)試験管をそのまま加熱すると、液の量が多く、全ての水が蒸発するのに時間がかかります。そこで、液を蒸発皿に少量入れ、弱火で加熱します。液がかわきそうになったら火を消し、余熱で水を蒸発させるようにします。

(2)(3)うすい塩酸にアルミニウムがとけた液体を加熱すると、白色の固体が出てきます。この白い固体にうすい塩酸を注ぐと、あわを出さずにとけます。

(4)〜(6)アルミニウムは水にとけませんが、うすい塩酸にアルミニウムがとけた液体を加熱して出てきた白色の固体は水にとけます。このことからアルミニウムと、加熱して出てきた白色の固体は性質のちがう別のものだといえます。

(7)アルミニウムにうすい塩酸を注ぐと、アルミニウムが性質のちがう別のものに変化したことから、うすい塩酸にはアルミニウムを性質のちがう別のものに変えるはたらきがあるといえます。

80・81ページ まとめのテスト②

1 (1)気体(あわ)が発生してとける。

(2)気体(あわ)を出さずにとける。

(3)別のもの

(4)アルミニウムとは性質のちがう別のものに変化したこと。

2 (1)ア (2)エ (3)ウ

3 (1)イ、ウ (2)㋐、㋒

(3)㋑

4 (1)塩酸…酸性

水酸化ナトリウム水溶液…アルカリ性

(2)㋐ウ ㋑ウ

(3)イ

(4)塩酸には、金属をとかす性質があるから。

丸つけのポイント

1 (4)うすい塩酸に入れる前のアルミニウムとは別のものになったということが書かれていれば正解です。

4 (4)塩酸が金属をとかすということが書かれていれば正解です。

てびき 1 (1)アルミニウムにうすい塩酸を注ぐと、気体が発生してとけ、とうめいな液体になります。

(2)(3)うすい塩酸にアルミニウムがとけた液から水を蒸発させて出てきた固体にうすい塩酸を注ぐと、あわを出さずにとけます。出てきた固体とアルミニウムでは、うすい塩酸へのとけ方がちがうことから、性質のちがう別のものであることがわかります。

(4)出てきた固体は、アルミニウムとは別のものであることから、塩酸によってアルミニウムの性質が変わり、別のものに変化したことがわ

かります。このように、水溶液には金属をとかすものがあり、水溶液にとけた金属は、水溶液のはたらきで性質のちがうものに変化します。

[2] アルミニウムは銀色でつやがあります。アルミニウムを水に入れてもとけません。出てきたものは白色でつやがなく水にとけます。これらのことから、アルミニウムと出てきたものは別のものであることがわかります。

[3] (1)蒸発皿に入れた液体を熱するときは、弱火にし、液がかわきそうになったら火を消し、余熱で水を蒸発させるようにします。

(2)気体がとけた水溶液であるうすい塩酸と、炭酸水は、熱したあとの蒸発皿に何も残りません。

(3)㋑、㋓の液を熱して水を蒸発させると、蒸発皿に固体が残ります。㋑の水を蒸発させて出てきた固体は、とかしたアルミニウムとは性質のちがう別のものです。一方、㋓の食塩水の水を蒸発させると、とかした食塩が白い固体として蒸発皿に残ります。

[4] (1)~(3)塩酸は酸性、水酸化ナトリウム水溶液はアルカリ性の水溶液です。アルミニウムにうすい塩酸やうすい水酸化ナトリウム水溶液を注ぐと、アルミニウムは気体が発生してとけます。このように、酸性の水溶液だけでなく、アルカリ性の水溶液にも金属をとかすものがあることがわかります。

(4)トイレ用洗剤には、塩酸がふくまれているものがあります。塩酸は金属をとかす性質があるので、金属製品には使わないように注意する必要があります。

9 電気の利用

82ページ 基本のワーク

❶ (1)①つくる
(2)②「光らない」に〇
③「暗く」に〇
④「変わる」に〇

❷ (1)①電気　(2)②「暗く」に〇

まとめ ①光電池　②電気

83ページ 練習のワーク

❶ (1)手回し発電機　(2)ア
(3)できる。　(4)光らない。
(5)イ　(6)逆になる。

❷ (1)光電池　(2)光らない。
(3)ア　(4)できる。

てびき ❶ (2)(4)発光ダイオードは、＋極から－極に電流が流れたときだけ光ります。そのため発光ダイオードの＋極と手回し発電機の＋極側、－極と－極側をつなぎます。ハンドルを逆に回すと流れる電流の向きが逆になり、発光ダイオードの＋極から－極に電流が流れないので、発光ダイオードは光りません。

(5)手回し発電機のハンドルを回す速さをおそくすると、つくられる電気の量が少なくなります。そのため、流れる電流の大きさが小さくなり、発光ダイオードの光は暗くなります。

❷ (3)(4)光電池に当てる光の強さによって、つくられる電気の量が変わります。光を強くするとつくられる電気の量が多くなり、発光ダイオードの光は明るくなります。

84ページ 基本のワーク

❶ (1)①コンデンサー
(2)②光　③光　④音　⑤回転する動き

❷ (1)①同じ
(2)②豆電球　③発光ダイオード

まとめ ①光　②音(①、②は順不同)
③電気の量

85ページ 練習のワーク

❶ (1)㋐、㋓　(2)㋒　(3)㋑

❷ (1)発光ダイオード　(2)豆電球
(3)電気の量

[てびき] ❶ 手回し発電機をコンデンサーにつないでハンドルを回すと、コンデンサーに電気がためられます。コンデンサーにためた電気は、豆電球やモーター、電子オルゴールや発光ダイオードなど、いろいろなものにつないで使うことができます。電気は光、回転する動き、音、熱などに変えることができます。㋐、㋓は電気が光に、㋑は電気が音に、㋒は電気が回転する動きに変えられています。

❷ (1)(2)同じ量の電気をためたコンデンサーに豆電球と発光ダイオードをつないだとき、回路に流れる電流の大きさは、豆電球のほうが大きく、発光ダイオードのほうが小さくなります。また、光っている時間は、豆電球は短く、発光ダイオードは長くなります。

(3)発光ダイオードは豆電球よりも使う電気の量が少ないため、発光ダイオードのほうが豆電球より長く光っています。このように、コンデンサーにつなぐものによって、使う電気の量がちがいます。

わかる! 理科 明かりがついたあとの豆電球はあたたかく感じます。豆電球では、電気が光だけでなく熱にも変わっているからです。発光ダイオードのほうが、熱に変わる電気の量が少なく、電気を効率よく光に変えられています。

86ページ 基本のワーク

1 ①光 ②光 ③音(②、③は順不同)
④回転する動き ⑤熱

2 ①コントロール ②明るさ ③照明

まとめ ①ためたり ②変えたり
③コントロール

87ページ 練習のワーク

❶ (1)ウ (2)ア
(3)ア、イ (4)エ
(5)イ (6)ア

[てびき] ❶ (1)~(4)身のまわりにある電気製品は、電気を熱、光、音、回転する動きなど、いろいろなものに変えて利用しています。

わかる! 理科 テレビでは、電気を光や音に変えています。このように、1つの電気製品で電気をいろいろなものに変えて利用しているものがあります。また、いろいろなものに変えられた一部を利用しているものもあります。照明では電気が光や熱に変えられますが、私たちは光を利用しています。

(5)ノートパソコンは、電気を光に変えて画面に情報を表示したり、音に変えて音楽を流したりすることができます。ほかにも、計算をしたりするのにも電気は使われています。また、一定の時間がたつと画面が消え、むだな電気を使わないようになっていて、電気をコントロールすることができます。

(6)自転車のライトには発電機がついていて、手回し発電機と同じように回転する力で電気をつくっています。つくられた電気は、光に変えられて利用されます。

88ページ 基本のワーク

1 ①周りの明るさ ②温度

2 ①プログラム ②プログラミング

まとめ ①センサー ②プログラミング

89ページ 練習のワーク

❶ (1)ア (2)イ

❷ (1)プログラム
(2)プログラミング
(3)㋒
(4)ウ

[てびき] ❶ (1)街灯には周りの明るさを感知するセンサーがついていて、照明を自動的に点灯させたり消灯させたりしています。

(2)エアコンには温度を感知するセンサーがついていて、設定した温度に部屋の温度を調整できるよう、機器の運転をコントロールしています。

❷ (1)(2)コンピュータにさまざまなことを自動的に実行させる命令をプログラムといい、プログラムを作ることをプログラミングといいます。

(3)㋐は赤信号を点灯させるときの命令、㋑は青信号を点灯させるときの命令、㋒は青信号を点めつさせるときの命令です。

(4)プログラムを利用することで、センサーが感知した明るさや温度、人の動きなどによって、あらかじめ決められた命令どおりにコンピューターを動かすことができます。このことは、電気をコントロールして効率的に使うことに役立っています。

90・91ページ **まとめのテスト**

[1] (1)㋐手回し発電機　㋑コンデンサー
(2)光る。　(3)電気をつくるはたらき
(4)光る。　(5)電気をためるはたらき

[2] (1)ためる電気の量
(2)発光ダイオード　(3)豆電球
(4)発光ダイオードのほうが、少ない電気の量で明かりをつけることができるから。

[3] (1)㋐　(2)㋓
(3)㋑　(4)㋒
(5)じゅう電式電池(バッテリー)
(6)一定の時間がたつと、自動で画面が消える。

[4] (1)ア　(2)イ
(3)①量　②向き

丸つけのポイント

[2] (4)発光ダイオードのほうが使う電気の量が少ないことが書かれていれば正解です。

[3] (6)周囲の明るさによって画面の明るさが調整される、なども正解です。

[てびき] [1] (2)(3)手回し発電機に発光ダイオードを正しくつなぎ、ハンドルを回すと、発光ダイオードが光ります。このように、手回し発電機を使うと、電気をつくることができます。

(4)(5)手回し発電機でつくった電気は、コンデンサーにためることができます。電気をためたコンデンサーに発光ダイオードを正しくつなぐと、発光ダイオードが光ります。

[2] (1)つなぐものを変えたときの使える時間を調べたいので、つなぐもの以外の条件はすべて同じにします。そのため、手回し発電機のハンドルを回す速さと回数を同じにして、コンデンサーにためる電気の量を同じにします。

(2)(3)同じ量の電気をためたコンデンサーに豆電球と発光ダイオードをつなぐと、発光ダイオードのほうが長い時間光っています。これは、発光ダイオードのほうが、回路に流れる電流が小さく、使う電気の量が少ないからです。

(4)発光ダイオードは、電球よりも少ない電気の量で明かりをつけることができます。そのため、発光ダイオードの利用が広がっています。

[3] (1)～(4)身のまわりの電気製品には、電気を熱、光、音、回転する動きなどに変えて利用しているものがたくさんあります。また、これらの電気製品には、電気を複数のものに変えて利用しているものもあります。

(5)電気をためておく器具として、コンデンサーのほかにじゅう電式電池(バッテリー)などがあります。

[4] (1)手回し発電機は、ハンドルを速く回すほどつくられる電気の量が多くなります。そのため、モーターに流れる電流が大きくなり、速く回ります。

(2)手回し発電機は、ハンドルを逆に回すと電流の向きも逆になります。そのため、モーターに流れる電流の向きも逆になり、モーターは㋑の向きに回ります。

(3)手回し発電機は、ハンドルを回す速さによってつくられる電気の量が変わり、ハンドルを回す向きによって電流の向きが変わります。

人の生活と自然環境

92ページ **基本のワーク**

[1] ①化石燃料　②ごみを放置
③切り開いている　④保全

[2] ①学校ビオトープ　②電気自動車
③下水処理場

まとめ　①保全　②持続可能な社会

93ページ **練習のワーク**

[1] (1)電気自動車　(2)ア　(3)ア

[2] (1)学校ビオトープ
(2)①○　②○　③×　④×
⑤○　⑥○　⑦×　⑧○

[てびき] [1] (1)(2)電気自動車は、ガソリンなどの燃料を燃やさずに電気で走ることによって、空気中に二酸化炭素を出さないようにします。

(3)下水処理場では、家庭などから出たよごれ

た水をきれいにして、川にもどしています。

2 (1)学校ビオトープは、いろいろな生き物がすめる空間です。学校ビオトープを通して、生き物と水や環境との関わりや生き物どうしの関わりを学ぶことができます。

(2)①木を切ったあとになえ木を植えることで、森林を守っています。

③まわりの環境との調和を考えずに開発を続けると、他の生き物がすめなくなるだけでなく、私たちにとっても暮らしにくい環境になってしまいます。

④電気自動車のように、空気中に二酸化炭素を出さない自動車が注目されています。

⑥魚をとりすぎてしまうと、魚の量が減りすぎてしまい、その魚を食べるほかの生き物が減ったり、私たちが食べることができなくなってしまうおそれがあります。とる時期や場所、量を決めて、減りすぎないようにくふうすることが大切です。

⑦グリーンカーテンは、ヘチマやツルレイシなどを建物に取りつけたネットにはわせ、カーテンのように育てたものです。二酸化炭素を取り入れて酸素を出すだけでなく、日よけになって建物の温度が上がるのを防ぎます。その結果、冷ぼうをひかえることができるので、使う電気の量を少なくでき、電気をつくるために化石燃料を燃やして出される二酸化炭素の量も減らすことができると期待されています。

⑧自然観察会や生き物の調査会などを通して自然と関わったり、学習したりすることも大切です。

プラスワーク

94〜96ページ プラスワーク

1 (1)㋑　(2)空気

2 (1)酸素　(2)二酸化炭素
(3)呼吸　(4)酸素

3 (1)赤く染まる。　(2)ある。
(3)根を青い色水にひたす方法

4 (1)右の図
(2)でんぷん

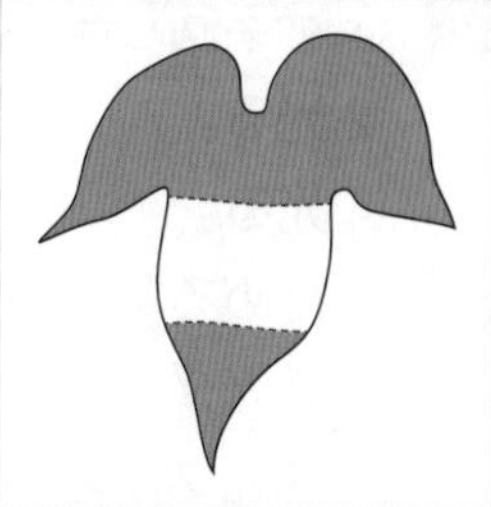

5 (1)㋑　(2)植物　(3)植物

6 (1)遠ざける。　(2)近づける。
(3)㋐　(4)㋐　(5)㋐

7 (1)高さ　(2)[あ]　(3)ア
(4)大きくなる。

8 (1)(気体が発生して)とける。
(2)塩酸が容器をとかしてしまうから。

9 (1)光電池に光を当てる。
手回し発電機のハンドルを回す。
(2)発光ダイオード…光　ラジオ…音
(3)少しの電気で明かりをつけられる点

丸つけのポイント

3 (3)青い色水を使って、水を吸わせることが書かれていれば正解です。

8 (2)塩酸のはたらきで、アルミニウムの容器がとけてしまうことが書かれていれば正解です。

9 (3)発光ダイオードのほうが、電気を使う量が少ないことが書かれていれば正解です。

てびき **1** (1)ものが燃え続けるためには、新しい空気が必要です。空気中の酸素にはものを燃やすはたらきがあり、酸素の体積の割合が減ると、火が消えてしまいます。

(2)まきをすき間をつくって組むことで、まきの間に新しい空気が流れこむため、まきはよく燃えます。

2 (1)〜(3)私たちは、つねに呼吸をして、酸素を取り入れ、二酸化炭素を出しています。

(4)閉め切った部屋では、空気が入れかわらず、

呼吸によって、酸素が減り、二酸化炭素が増えてしまいます。必ず定期的にかん気をして、部屋の中の酸素が少なくなりすぎないように注意しましょう。

3 (1)(2)植物に取り入れられた水は、水の通る細い管を通って、体中に運ばれます。この管は花にもあり、水の通る管が赤く染まるので、花も赤く染まります。

(3)水の通る管が花にもあることから、根をひたす水の色を青くしておくと、水の通る管が青色に染まり、花も青色になると考えられます。

4 アルミニウムはくは日光を通しません。アルミニウムはくでおおった部分にはでんぷんができていないため、ヨウ素液にひたしても色は変わりません。ヨウ素液にひたすと、でんぷんがあるところだけ色が変わります。

5 (1)㋐のトウモロコシ、㋒の野菜、㋓の米(イネ)は植物、㋑のとり肉(ニワトリ)は動物です。

(2)ニワトリは、トウモロコシやモロコシ、大豆かすなどから作られた飼料を食べています。これらは全て植物です。

(3)動物は自分で養分をつくることができないので、動物や植物を食べて養分を得ています。これらの食べ物のもとをたどっていくと、植物に行きつきます。

6 力点の位置を支点から遠ざけるほど、また、作用点の位置を支点に近づけるほど、より小さい力でものを持ち上げることができます。支点の位置を㋐の方向に変えると、支点が力点から遠ざかると同時に、支点が作用点に近づくので、より小さい力でものを持ち上げることができます。

7 (1)月や太陽の位置を記録するときは、方位と高さを記録します。このとき、月や太陽の位置がわかりやすいように、方位と高さの目印となる建物や木をいっしょに記録しておくとよいでしょう。

(2)太陽が西にしずむころ、南の空に見られるのは、右半分が光っている[あ]の上弦の月です。

(3)同じ時刻に同じ場所で観察すると、日がたつにつれて、月の見える位置や形は変わります。新月から満月にかけては、月の位置はしだいに東の方へ変わり、月の形は光っている部分が増えます。

(4)右半分が光って見える上弦の月は、このあと光っている部分が増え、1週間ほどで満月になります。地球から見た月と太陽の角度が大きいほど月が丸く見えるので、角度は大きくなっています。

8 塩酸は、アルミニウムなどの金属をとかす性質があります。そのため、塩酸を保存するときにアルミニウムなどの金属製の容器に入れると、容器そのものがとけてしまうことがあります。塩酸はガラスをとかさないので、ガラスのびんで保存します。

9 (1)図のかい中電灯は、光電池と手回し発電機がついているので、これらを使って電気をつくることができます。

(2)発光ダイオードは電気を光に、ラジオは電気を音に変えて利用します。

(3)発光ダイオードは、電球に比べて、使う電気の量が少なく、少しの電気で明かりをつけることができます。

実力判定テスト 夏休みのテスト①

1 次の図のように、集気びんを用意し、中でろうそくを燃やしました。あとの問いに答えましょう。 1つ7〔28点〕

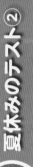

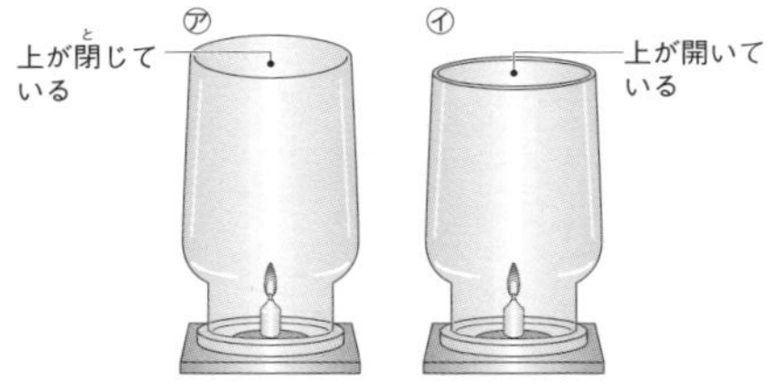
㋐
㋑
上が閉じている
上が開いている

(1) ㋐で、ろうそくは燃え続けますか、火が消えますか。 （ 火が消える。 ）
(2) ㋐で、集気びんの中の空気はなくなっていますか。 （ なくなっていない。 ）
(3) ㋑で、ろうそくは燃え続けますか、火が消えますか。 （ 燃え続ける。 ）
(4) ろうそくを燃やしたあとの㋐の集気びんを火のついたろうそくにかぶせると、火はどうなりますか。 （ すぐに消える。 ）

2 次の図のような酸素、ちっ素、二酸化炭素を集めたそれぞれの集気びんに、火のついたろうそくを入れ、燃え方を調べました。あとの問いに答えましょう。 1つ6〔24点〕

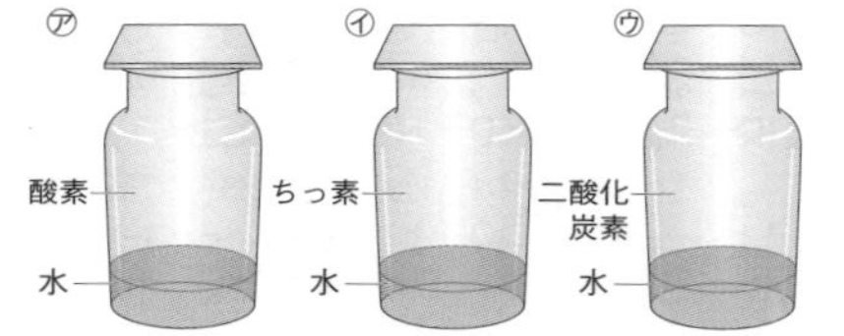
㋐
㋑
㋒
酸素
ちっ素
二酸化炭素
水
水
水

(1) ろうそくが激しく燃えるのは、㋐～㋒のどれですか。 （ ㋐ ）
(2) 酸素には、どのようなはたらきがありますか。 （ ものを燃やすはたらき ）
(3) ちっ素や二酸化炭素に、それぞれ(2)のはたらきはありますか。 ちっ素（ ない。 ） 二酸化炭素（ ない。 ）

3 図1のように、びんの中でろうそくを燃やし、気体検知管を使って、燃やす前と燃やしたあとの空気中の気体の体積の割合を調べました。図2はその結果を表しています。あとの問いに答えましょう。 1つ6〔18点〕

図1

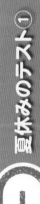

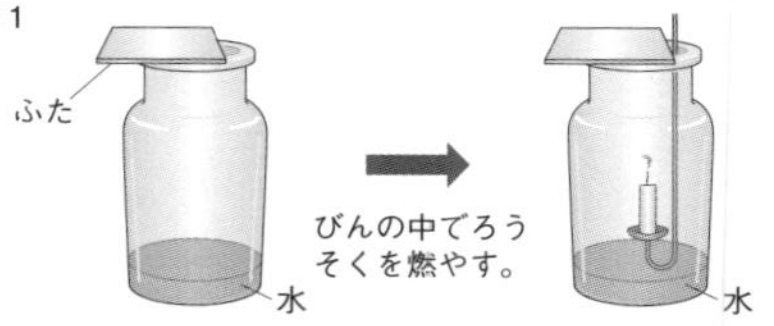
ふた
びんの中でろうそくを燃やす。
水
水

図2 燃やす前 燃やしたあと

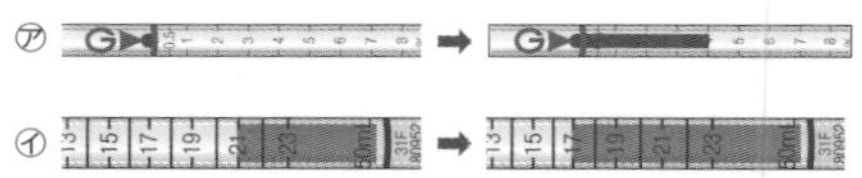
㋐
㋑

(1) 酸素用検知管の結果を表しているのは、㋐、㋑のどちらですか。 （ ㋑ ）
(2) ものを燃やすと、空気中の酸素の体積の割合はどうなりますか。 （ 減る。 ）
(3) ものを燃やすと、空気中の二酸化炭素の体積の割合はどうなりますか。 （ 増える。 ）

4 次の図のように、㋐には吸いこむ空気、㋑にははき出した息を集めました。あとの問いに答えましょう。 1つ6〔30点〕

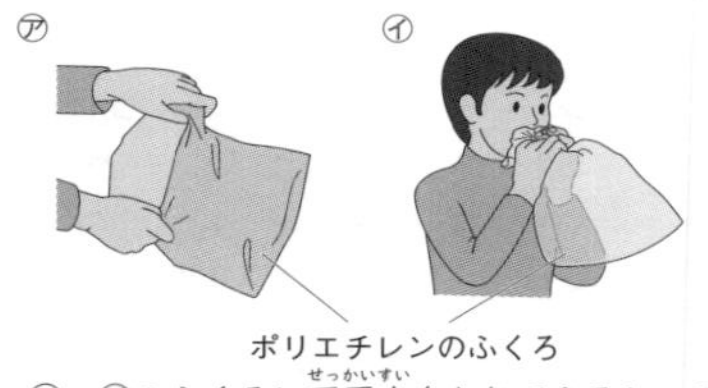
㋐
㋑
ポリエチレンのふくろ

(1) ㋐、㋑のふくろに石灰水を入れてふると、石灰水はそれぞれどうなりますか。
㋐（ 変化しない。 ） ㋑（ 白くにごる。 ）
(2) 次の（ ）にあてはまる言葉を書きましょう。

人は息をすることで、空気中の①（ 酸素 ）を体の中に取り入れて、②（ 二酸化炭素 ）を体の外へ出している。このことを③（ 呼吸 ）という。

実力判定テスト 夏休みのテスト②

1 人の体のつくりとはたらきについて、あとの問いに答えましょう。 1つ4〔44点〕

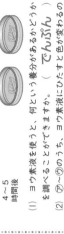

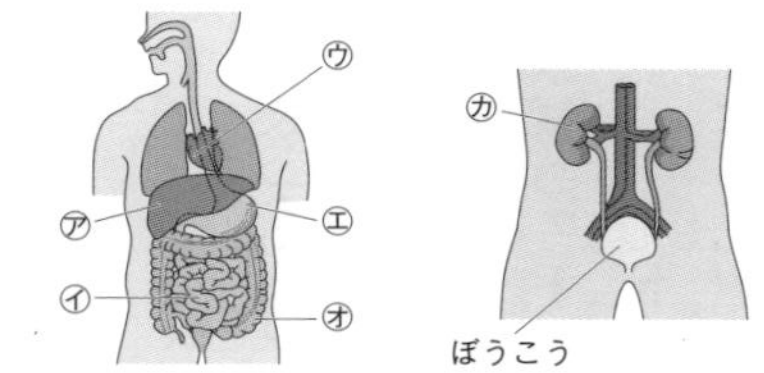
㋐
㋑
㋒
㋓
㋔
㋕
ぼうこう

(1) ㋐～㋕の臓器をそれぞれ何といいますか。
㋐（ 肝臓 ） ㋑（ 小腸 ）
㋒（ 心臓 ） ㋓（ 胃 ）
㋔（ 大腸 ） ㋕（ 腎臓 ）
(2) 次の①～⑤のはたらきをしている臓器を、それぞれ㋐～㋕から選びましょう。
① 消化された養分を吸収する。 （ ㋑ ）
② 吸収した養分の一部をたくわえる。 （ ㋐ ）
③ 血液を全身に送り出す。 （ ㋒ ）
④ 血液中から不要なものを取り除く。 （ ㋕ ）
⑤ 消化液の胃液が出される。 （ ㋓ ）

2 次の図1のように、ほり取ったホウセンカを染色液にひたしてしばらくおきました。あとの問いに答えましょう。 1つ7〔14点〕

図1

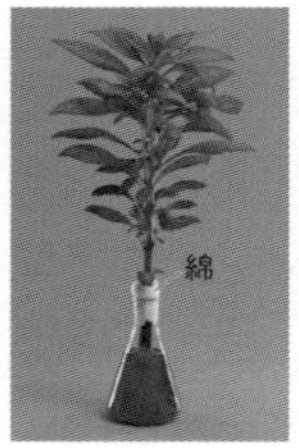
綿

図2

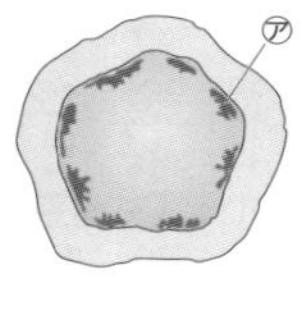
㋐

(1) 水はどのような順で植物の体全体に運ばれますか。根、くき、葉を正しい順に並べましょう。
（ 根 → くき → 葉 ）
(2) 図2はくきを輪切りにした様子を表したものです。赤色に染まっている㋐は、何の通り道ですか。 （ 水 ）

3 晴れた日に、葉を残したホウセンカと、葉を取り除いたホウセンカにふくろをかぶせ、しばらくおきました。あとの問いに答えましょう。 1つ7〔21点〕

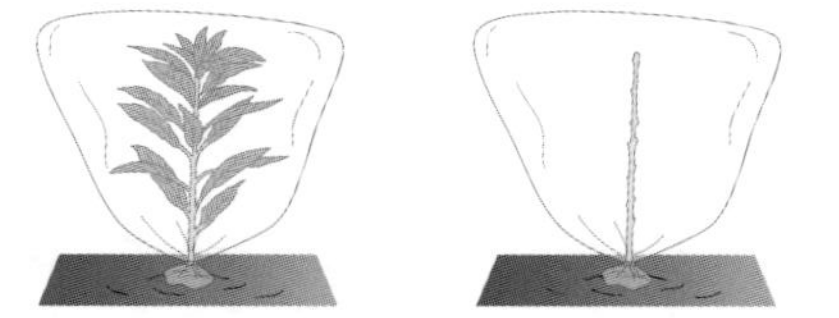
㋐葉を残したホウセンカ
㋑葉を取り除いたホウセンカ

(1) ㋐、㋑のうち、ふくろの内側にたくさんの水てきがついたのはどちらですか。 （ ㋐ ）
(2) (1)より、植物が取り入れた水は、主にどこから出ていくと考えられますか。 （ 葉 ）
(3) 水が水蒸気になって植物の体から空気中に出ていくことを、何といいますか。 （ 蒸散 ）

4 次の図のように、前日の午後から㋐～㋒の葉におおいをしました。次の日の朝、㋐を切り取ってヨウ素液にひたしました。また、㋑はおおいをはずし、㋒はそのまま日光に4～5時間当て、切り取ってヨウ素液にひたしました。あとの問いに答えましょう。 1つ7〔21点〕

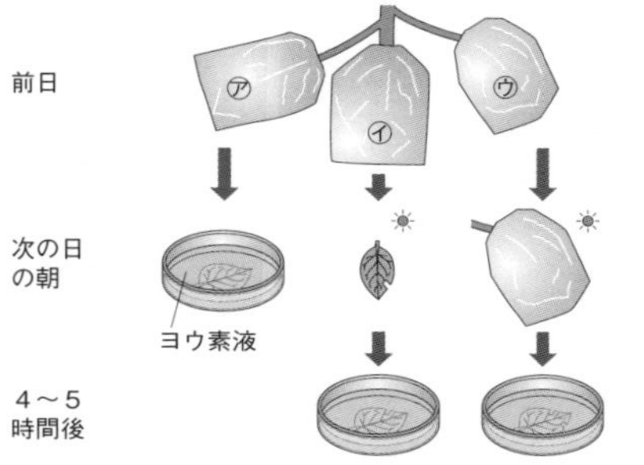
前日
㋐
㋑
㋒
次の日の朝
ヨウ素液
4～5時間後

(1) ヨウ素液を使うと、何という養分があるかどうかを調べることができますか。 （ でんぷん ）
(2) ㋐～㋒のうち、ヨウ素液にひたすと色が変わるのはどれですか。 （ ㋑ ）
(3) この実験から、(1)ができるには、葉に何が当たることが必要だとわかりますか。 （ 日光 ）

もんだいのてびきは 32 ページ

実力判定テスト　冬休みのテスト①

1 生き物どうしの関わりについて、あとの問いに答えましょう。　1つ5〔20点〕

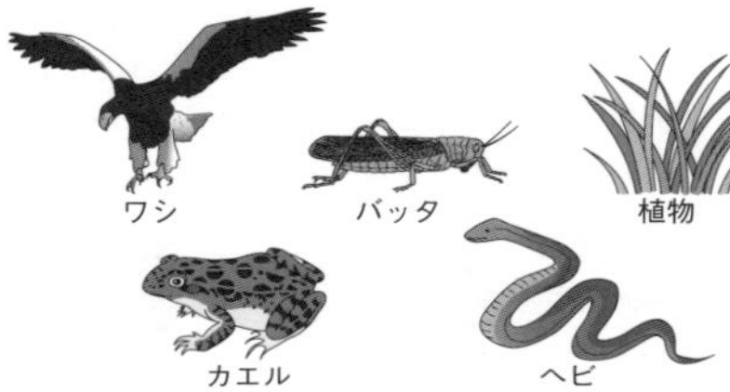

ワシ
バッタ
植物
カエル
ヘビ

(1) 植物は自分で養分をつくることができますか。
（　できる。　）

(2) 動物はどのようにして養分を取り入れていますか。
（　他の生き物を食べている。　）

(3) 図の生き物は、食べる・食べられるという関係でつながっています。このようなつながりを何といいますか。　（　食物連鎖　）

(4) 図の生き物の中で、食べ物のもとをたどると、何に行きつきますか。　（　植物　）

2 次の図のてこについて、あとの問いに答えましょう。　1つ5〔30点〕

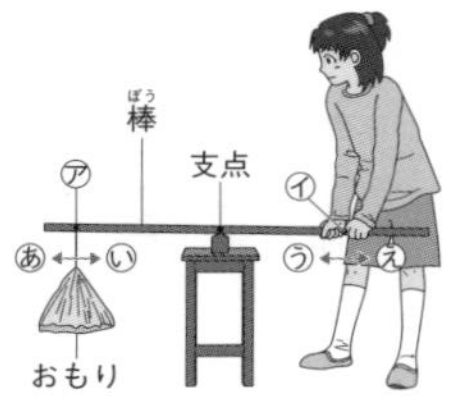

棒
㋐
支点
㋑
[あ]
[い]
[う]
[え]
おもり

(1) ㋐、㋑の位置をそれぞれ何といいますか。
㋐（　作用点　）　㋑（　力点　）

(2) ㋐の位置を変えて手ごたえを小さくしたいとき、[あ]、[い]のどちらに動かしますか。　（　[い]　）

(3) ㋑の位置を変えて手ごたえを小さくしたいとき、[う]、[え]のどちらに動かしますか。　（　[え]　）

(4) 次の（　）にあてはまる言葉を書きましょう。
①（　作用点　）を支点に近づけたり、
②（　力点　）を支点から遠ざけたりすると、小さい力でおもりを持ち上げることができる。

3 次の図のように、実験用てこにおもりをつり下げました。あとの問いに答えましょう。　1つ5〔20点〕

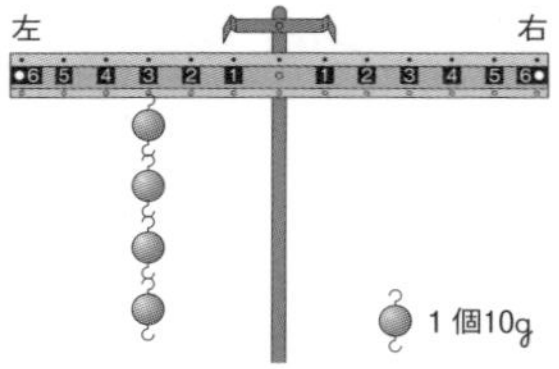

左
右
6 5 4 3 2 1
1 2 3 4 5 6
1個10g

(1) てこをかたむけるはたらきの大きさを、式の形で書きましょう。
（(おもりの重さ)×(支点からのきょり)）

(2) 右側の目盛り2のところにおもりを5個つり下げると、棒はどのようになりますか。
（　左側にかたむく。　）

(3) 右側の目盛り6のところにおもりをつり下げて棒を水平にするとき、おもりを何個つり下げればよいですか。　（　2個　）

(4) 右側におもりを3個つり下げて棒を水平にするには、目盛りがいくつのところにつり下げればよいですか。数字を書きましょう。　（　4　）

4 次の図はてこを利用した道具です。あとの問いに答えましょう。　1つ6〔30点〕

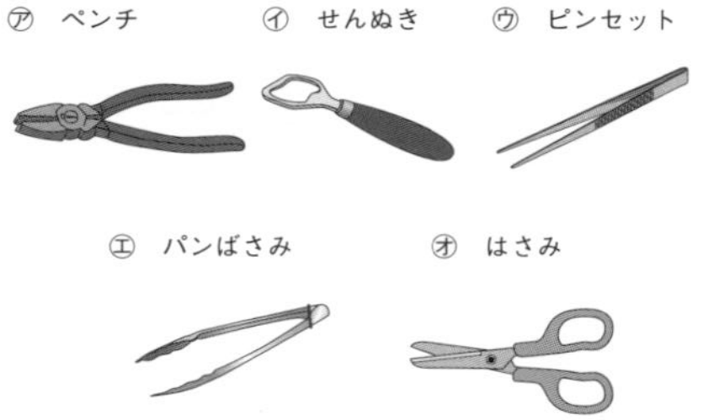

㋐ ペンチ
㋑ せんぬき
㋒ ピンセット
㋓ パンばさみ
㋔ はさみ

(1) 支点が力点と作用点の間にある道具を、㋐～㋔から2つ選びましょう。　（　㋐　）（　㋔　）

(2) 作用点が支点と力点の間にある道具を、㋐～㋔から選びましょう。　（　㋑　）

(3) 力点が支点と作用点の間にある道具を、㋐～㋔から2つ選びましょう。　（　㋒　）（　㋓　）

実力判定テスト　冬休みのテスト②

1 次の図1は、ある地層を観察したものです。図2は、図1のある層のつぶを観察したものです。あとの問いに答えましょう。　1つ7〔28点〕

図1

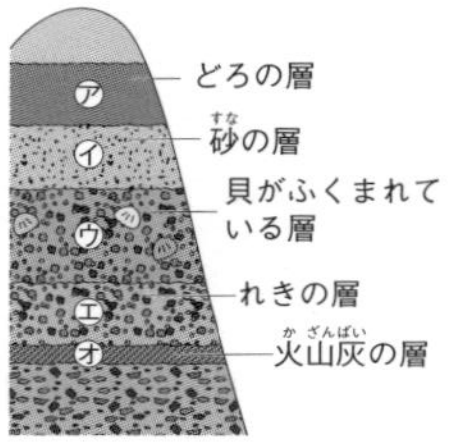

㋐
どろの層
㋑
砂の層
㋒
貝がふくまれている層
㋓
れきの層
㋔
火山灰の層

図2

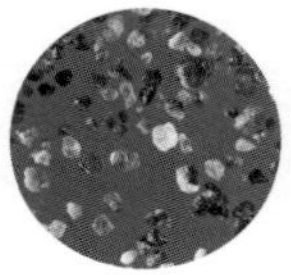

(1) 図1の㋐、㋑、㋓は、それぞれ層をつくるつぶの大きさがちがいます。どろ、砂、れきを、つぶの大きいものから順に並べましょう。
（　れき　→　砂　→　どろ　）

(2) 図2は、図1の㋐～㋔のうち、どの層のつぶを観察したものですか。　（　㋔　）

(3) 図1の㋒で見られた貝のように、地層の中に残された生き物の死がいや生活のあとなどを、何といいますか。　（　化石　）

(4) 図1の地層は、広く積み重なっていますか、表面にしかないですか。
（　広く積み重なっている。　）

2 次の図は、地層にふくまれていた岩石を表しています。あとの問いに答えましょう。　1つ6〔24点〕

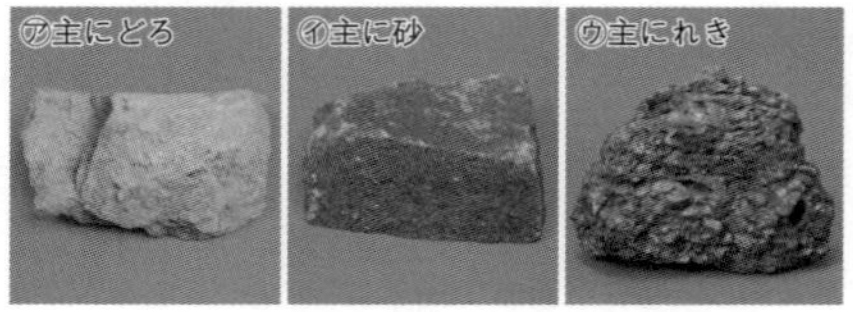

㋐主にどろ
㋑主に砂
㋒主にれき

(1) ㋐～㋒の岩石の名前をそれぞれ書きましょう。
㋐（　でい岩　）
㋑（　砂岩　）
㋒（　れき岩　）

(2) ㋐～㋒の岩石をふくむ地層は、何のはたらきでたい積しましたか。
（　流れる水のはたらき　）

3 火山のふん火や地震について、あとの問いに答えましょう。　1つ6〔18点〕

図1

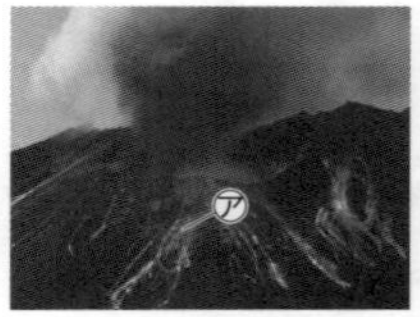

㋐

図2

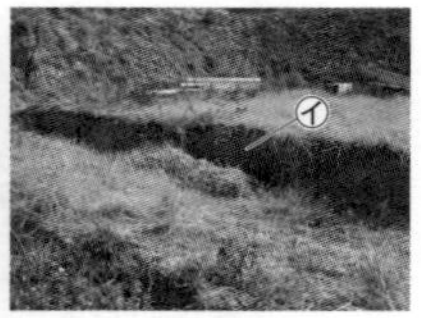

㋑

(1) 図1で、火山がふん火すると火口から流れ出る㋐を何といいますか。　（　溶岩　）

(2) 図2の㋑のような土地のずれを何といいますか。
（　断層　）

(3) 火山のふん火や地震によって、土地の様子が変化することがありますか。　（　ある。　）

4 月の形と位置について、あとの問いに答えましょう。　1つ3〔30点〕

図1

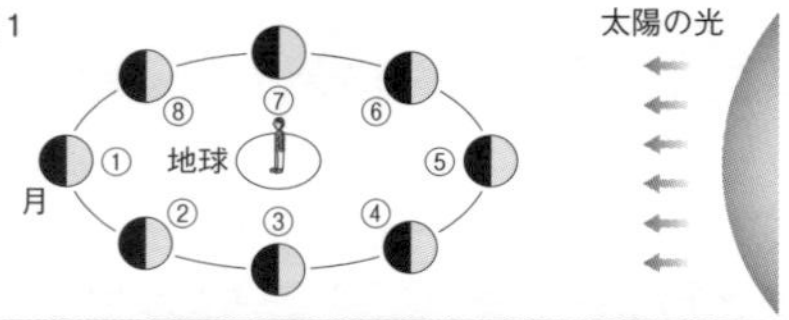

太陽の光
地球
月
①
②
③
④
⑤
⑥
⑦
⑧

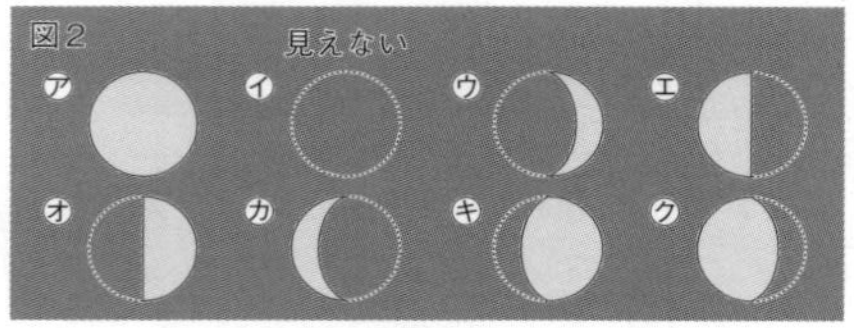

図2
見えない
㋐
㋑
㋒
㋓
㋔
㋕
㋖
㋗

(1) 図1の①～⑧の位置にある月は、地球からはどのような形に見えますか。それぞれ図2の㋐～㋗から選びましょう。
①（　㋐　）　②（　㋗　）　③（　㋓　）　④（　㋕　）
⑤（　㋑　）　⑥（　㋒　）　⑦（　㋔　）　⑧（　㋖　）

(2) 月の光っている側には、いつも何がありますか。
（　太陽　）

(3) 月の見え方は、地球から見たときの何によって決まりますか。
（　月と太陽の位置の関係　）

もんだいのてびきは 32 ページ

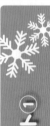

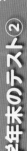

実力判定テスト　学年末のテスト①

1 次の㋐〜㋓の試験管には、それぞれうすい塩酸、食塩水、炭酸水、うすいアンモニア水が入っています。あとの問いに答えましょう。　1つ6〔24点〕

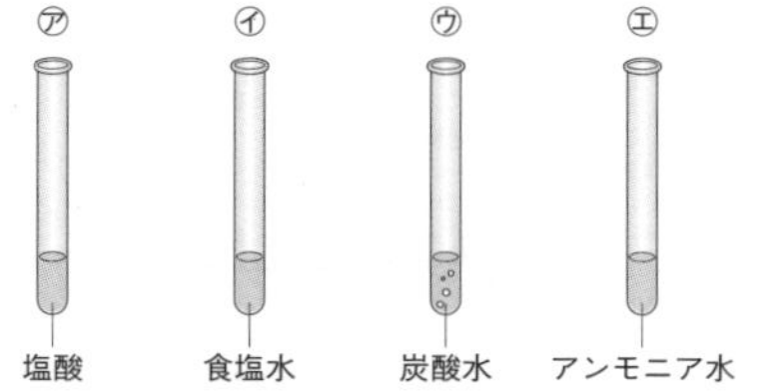

㋐
㋑
㋒
㋓
塩酸
食塩水
炭酸水
アンモニア水

(1) ㋐〜㋓の水溶液のうち、あわが出ているものを選びましょう。（ ㋒ ）

(2) ㋐〜㋓の水溶液のうち、においのするものを2つ選びましょう。（ ㋐ ）（ ㋓ ）

(3) ㋐〜㋓の水溶液のうち、水を蒸発させると白い固体が出るものを選びましょう。（ ㋑ ）

2 次の図のように、アルミニウムにうすい塩酸を注いでしばらくおいた後、できた液を熱しました。あとの問いに答えましょう。　1つ8〔24点〕

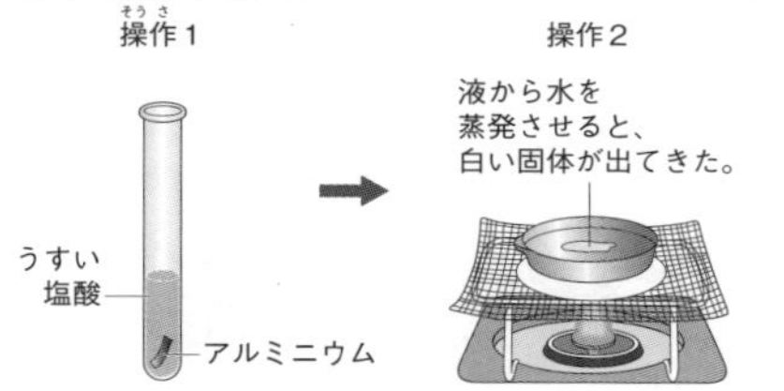

操作1
操作2
液から水を
蒸発させると、
白い固体が出てきた。
うすい
塩酸
アルミニウム

(1) 操作1で、アルミニウムにうすい塩酸を注ぐと、アルミニウムはどうなりますか。ア〜ウから選びましょう。（ イ ）

ア　あわを出さずにとける。
イ　あわを出してとける。
ウ　変化が見られない。

(2) 操作2で出てきた固体を試験管に入れ、うすい塩酸を注ぐと、固体はどうなりますか。(1)のア〜ウから選びましょう。（ ア ）

(3) 操作2で出てきた固体は、アルミニウムと同じものですか、別のものですか。（ 別のもの ）

3 次の図の㋐でハンドルを回したり、㋑で光電池に光を当てたりすると、モーターが回りました。あとの問いに答えましょう。　1つ7〔14点〕

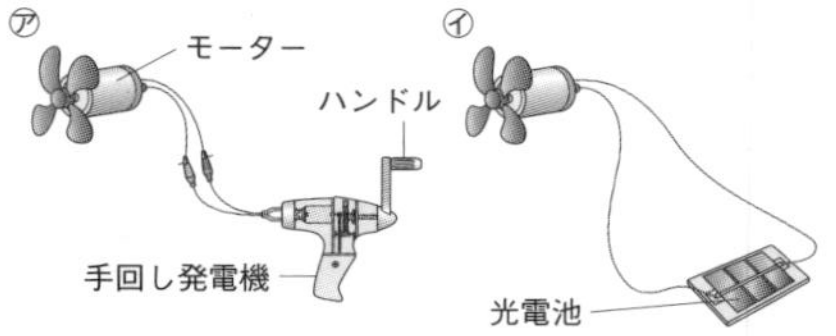

㋐
モーター
ハンドル
手回し発電機
㋑
光電池

(1) ㋐で、ハンドルを逆に回すと、モーターはどうなりますか。（ 逆向きに回る。）

(2) ㋑で、光電池に当てる光を強くすると、モーターはどうなりますか。（ 速く回る。 ）

4 電気の利用について、あとの問いに答えましょう。　1つ7〔14点〕

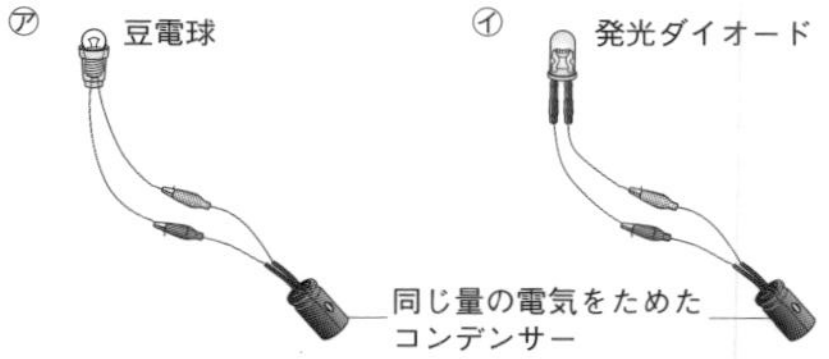

㋐
豆電球
㋑
発光ダイオード
同じ量の電気をためた
コンデンサー

(1) 図の㋐、㋑のうち、長い時間光っているのはどちらですか。（ ㋑ ）

(2) 同じ時間光らせたとき、豆電球に比べて発光ダイオードが使う電気の量は多いですか、少ないですか。（ 少ない。 ）

5 次の①〜③の電気製品は、電気を何に変えて利用していますか。下のア〜ウから選んで書きましょう。　1つ8〔24点〕

① モーター　② アイロン　③ 電子オルゴール

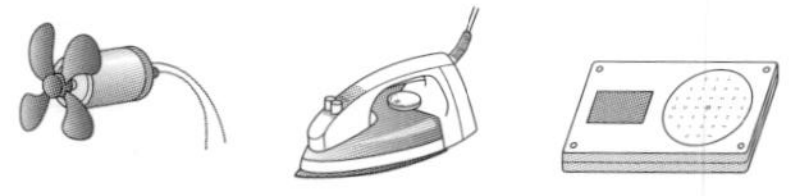

（ イ ）　（ ウ ）　（ ア ）

〔 ア 音　イ 回転する動き　ウ 熱 〕

実力判定テスト　学年末のテスト②

1 次の図のように、ご飯つぶと水をすりつぶしたものの上ずみ液を試験管㋐、㋑に入れ、㋑にだ液を混ぜました。そして、㋐、㋑を約35℃の湯に5分間つけた後、それぞれにヨウ素液を入れました。あとの問いに答えましょう。　1つ8〔32点〕

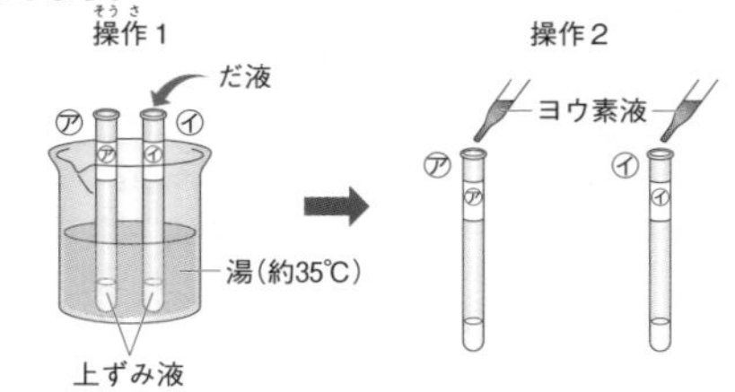

操作1
操作2
だ液
㋐
㋑
湯（約35℃）
上ずみ液
ヨウ素液

(1) 操作1で、試験管を約35℃の湯に入れるのはなぜですか。
（口の中と同じくらいの温度にするため。）

(2) 操作2で、試験管にヨウ素液を入れたとき、液の色が変わるのは㋐、㋑のどちらですか。（ ㋐ ）

(3) 操作2で、でんぷんがふくまれているのは、㋐、㋑のどちらですか。（ ㋐ ）

(4) だ液にはどのようなはたらきがありますか。
（でんぷんを別のものに変えるはたらき）

2 水の中の生き物どうしのつながりについて、あとの問いに答えましょう。　1つ7〔14点〕

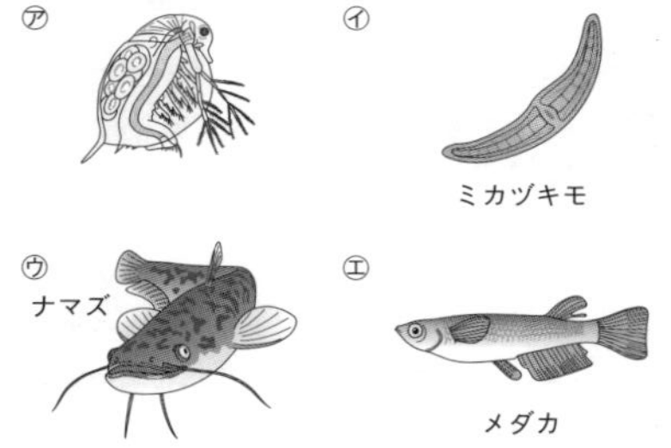

㋐
㋑
ミカヅキモ
㋒
ナマズ
㋓
メダカ

(1) ㋐の生き物を、何といいますか。（ ミジンコ ）

(2) ㋐〜㋓の生き物を、食べられる生き物から食べる生き物の順に並べましょう。
（ ㋑ → ㋐ → ㋓ → ㋒ ）

3 次の図のような装置を使い、水で土（どろと砂）を水そうに流しこみました。しばらくして、もう一度同じように土を流しこみ、少し待って土の積もり方を調べました。あとの問いに答えましょう。　1つ7〔14点〕

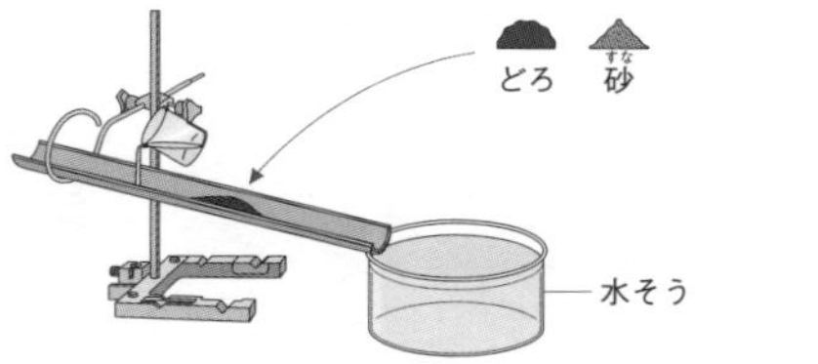

どろ
砂
水そう

(1) 2回めに土を流し、しばらくおいたあとの水そうの様子を、㋐〜㋒から選びましょう。（ ㋒ ）

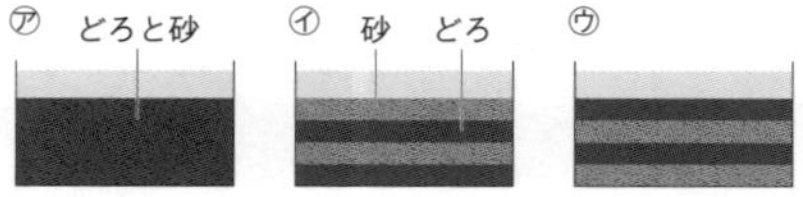

㋐ どろと砂
㋑ 砂　どろ
㋒

(2) 地層は、流れる水のはたらきによって運ぱんされた土が、何のちがいで分かれてたい積してできますか。（ つぶの大きさ ）

4 リトマス紙を使って、水溶液を3つの性質に分けました。あとの問いに答えましょう。　1つ8〔40点〕

㋐	赤色のリトマス紙だけが青色に変わる。
㋑	どちらのリトマス紙も色が変わらない。
㋒	青色のリトマス紙だけが赤色に変わる。

(1) リトマス紙の使い方について、正しいものに2つ○をつけましょう。

①(　　)リトマス紙は手で直接取り出す。
②(○)リトマス紙はピンセットで取り出す。
③(○)ガラス棒でリトマス紙に水溶液をつける。
④(　　)リトマス紙を直接水溶液につける。

(2) ㋐は何性の水溶液ですか。（ アルカリ性 ）

(3) うすい塩酸と食塩水には、それぞれ㋐〜㋒のどの性質がありますか。
うすい塩酸（ ㋒ ）
食塩水（ ㋑ ）

かくにん！ 実験器具の使い方

⭐**1** けんび鏡の使い方について、次の①～③の□にあてはまる言葉を書きましょう。

いちばん低い倍率にする。
①**接眼レンズ**
をのぞきながら反射鏡の向きを変える。

ステージの上に
②**プレパラート**
を置き、クリップでとめる。

横から見ながら、
③**調節ねじ**
を回し、ステージと対物レンズを近づける。

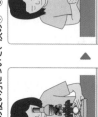

調節ねじを回して、対物レンズとステージを遠ざけ、はっきり見えるところで止める。

⭐**2** 気体検知管の使い方について、次の( )のうち、正しいほうを○で囲みましょう。

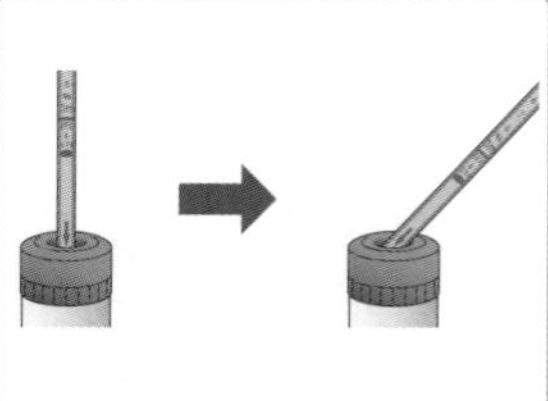

チップホルダで検知管の
①(片方のはし・両方のはし)
を折り、矢印がついている側を採取器に差しこむ。

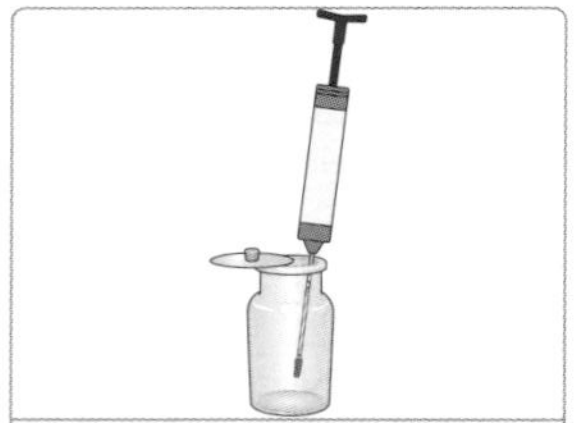

気体の入った容器に、検知管の先を入れる。ハンドルを
②(おして・引いて)待つ。

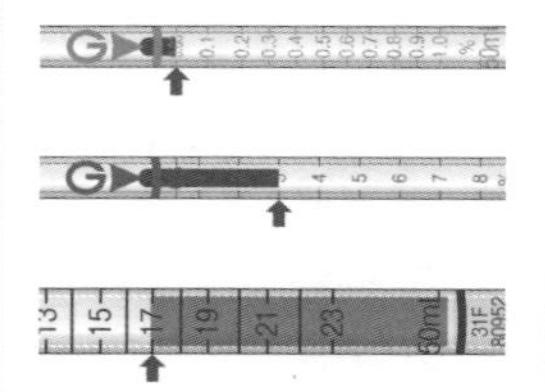

決められた時間がたったら、
③(色・温度)の変化したところの目盛りを読む。

⭐**3** リトマス紙の使い方について、それぞれ正しいほうに○をつけましょう。

① リトマス紙を取り出すとき
⑦( ) 直接手で取り出す。
①( ) ピンセットで取り出す。

② 水溶液をつけるとき
⑦( ) ガラス棒でつける。
①( ) 水溶液の中に入れる。

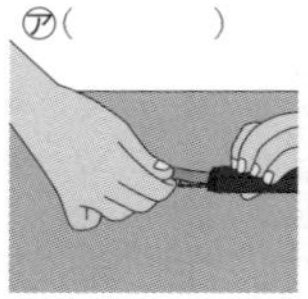

かくにん！ 反比例

⭐**1** 右の表で、yがxに反比例しているとき、①～③にあてはまる数字を書きましょう。

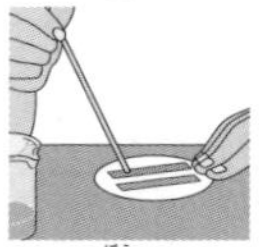

x	1	2	3	4
y	12	①6	②4	③3

（4倍・3倍・2倍／$\frac{1}{2}$・$\frac{1}{3}$・$\frac{1}{4}$倍）

$x×y=12$になっているので、$2×□=12$、$3×□=12$、$4×□=12$と計算してもいいよ。

ポイント
①2つの量x、yがあって、xの値が2倍、3倍、…になると、yの値が$\frac{1}{2}$倍、$\frac{1}{3}$倍、…となるとき、yはxに反比例するといいます。
②反比例では、x×yが決まった数になります。

ヒント
右の表ではxが2倍、3倍、4倍になっているので、①、②、③はそれぞれ $12×\frac{1}{2}$、$12×\frac{1}{3}$、$12×\frac{1}{4}$ と計算できます。

⭐**2** 右の図のように、てこの左側におもりをつり下げました。棒が水平につりあうように、右側におもりをつり下げます。あとの問いに答えましょう。

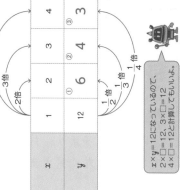
1個10g

左側 支点からのきょり	おもりの重さ(g)	右側 支点からのきょり	おもりの重さ(g)
3	40	1	③120
		2	④60
		3	⑤40
		4	30
		5	×
		6	⑥20

（2倍・3倍・6倍／$\frac{1}{2}$倍・$\frac{1}{3}$倍・$\frac{1}{6}$倍）

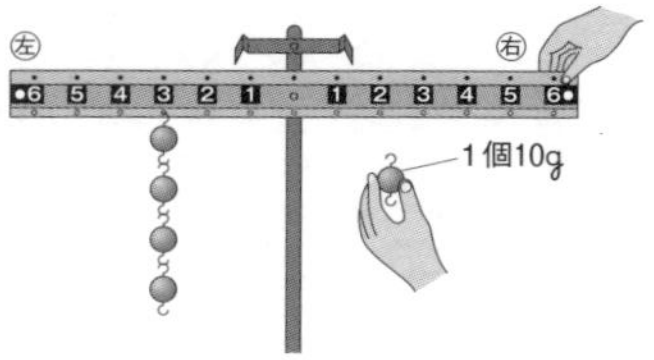

(1) 左側で、おもりの重さ×支点からのきょりは、いくつですか。
(120)

(2) ②の( )にあてはまる数字を書きましょう。

(3) 棒が水平につりあうとき、表の③～⑥にあてはまる数字を書きましょう。

もんだいのてびきは 32 ページ

実力判定テスト もんだいのてびき

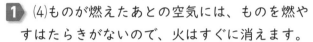

夏休みのテスト①

1 (4)ものが燃えたあとの空気には、ものを燃やすはたらきがないので、火はすぐに消えます。

2 酸素にはものを燃やすはたらきがあるので、火のついたろうそくを入れると激しく燃えます。ちっ素や二酸化炭素にはものを燃やすはたらきがありません。

3 空気中でものを燃やすと、酸素が減り、二酸化炭素が増えます。

夏休みのテスト②

1 ㋐の肝臓、㋑の小腸、㋓の胃、㋔の大腸は、消化・吸収に関わる臓器、㋒の心臓は、血液の流れに関わる臓器です。

3 植物が根から取り入れた水は、葉まで運ばれ、主に葉にある小さい穴から、水蒸気となって体の外に出ていきます。このことを蒸散といいます。

4 植物は、日光が当たるとでんぷんをつくり出します。

冬休みのテスト①

2 作用点の位置を支点に近づけたり、力点の位置を支点から遠ざけたりすると、小さい力でものを持ち上げることができます。

3 てこを左側にかたむけるはたらきは、40×3＝120です。

(3)おもりの重さを□gとすると、□×6＝120 □＝20となり、10gのおもりを2個つり下げると、棒が水平につりあいます。

(4)おもりをつり下げる目盛りを□とすると、おもりが3個なので、30×□＝120　□＝4となり、目盛り4のところにつり下げると、棒が水平につりあいます。

冬休みのテスト②

1 地層のそれぞれの層は、れきや砂、どろ、火山灰などの、色やつぶの様子がちがうものでできています。

2 どろ、砂、れきが長い年月をかけて固まった岩石をそれぞれでい岩、砂岩、れき岩といいます。

3 火山のふん火により、溶岩が流れ出たり、火山灰が降り積もったりします。

4 月の見え方は、地球から見た月と太陽の位置の関係で決まり、月と太陽との角度が大きいほど、月は丸く見えます。

学年末のテスト①

1 水溶液によって、見た様子やにおい、水を蒸発させたときの様子などがちがいます。

2 アルミニウムにうすい塩酸を注ぐとあわを出してとけ、出てきた白い固体にうすい塩酸を注ぐとあわを出さずにとけます。とけ方のちがいから、これらは別のものであるといえます。

4 発光ダイオードのほうが使う電気の量が少ないため、長い時間光っています。

学年末のテスト②

1 (1)だ液がはたらく口の中と同じくらいの温度にして、実験します。

3 (1)つぶの大きい砂の上に、どろが積もります。2回めに土を流すと、1回めの層の上に2回めの層が積もります。

かくにん! 実験器具の使い方

1 けんび鏡を使うときは、最初に横から見ながら対物レンズとステージを近づけ、そのあとはっきり見えるところまでステージと対物レンズを遠ざけます。

②観察するもの、と書いても正解です。

かくにん! 反比例

2 (1)左側は、おもりの位置が3、おもりの重さが40gなので、40×3＝120

(2)支点からのきょりが2倍になると、おもりの重さは$\frac{1}{2}$倍に、支点からのきょりが3倍になると、おもりの重さは$\frac{1}{3}$倍になります。

3 2 1 0 9 8 7 6 5 4
＊ ＊ D C B A